定番技術の基本をビジュアルで理解する

開発系エンジニアのためのGit/GitHub絵とき入門

山岡滉治 KOUJI YAMAOKA

秀和システム

●商標など
・本書に登場するシステム名称、製品名等は、一般に各社の商標または登録商標です。
・本書に登場するシステム名称、製品名等は、一般的な呼称で表記している場合があります。
・本書では、©、TM、®などの表示を省略していることがあります。

●注　意
・本書の著者並びに出版社は、本書の運用の結果に関するリスクについて、一切の責任を負いません。
・本書は内容において万全を期して制作しましたが、不備な点や誤り、記載漏れなど、お気づきの点がございましたら、出版元まで書面にてご連絡ください。
・本書の全部または一部について、出版元から文書による許諾を得ずに複製することは禁じられています。

本書「開発系エンジニアのための Git/GitHub 絵とき入門」は、Git を初めて使う方や、チーム開発でもっとスムーズに作業したいと考えている方のために執筆しました。まずはこの書籍を手にとっていただき、ありがとうございます。

この書籍を手にされた方は、おそらく Git に対して苦手意識をお持ちの方が多いのではないでしょうか。私自身も Git を初めて使い始めた頃を思い返すと、「何から手をつければよいのか全く分からない状態」でした。「Git って何？」「GitHub との違いは？」「コミットって？」「ブランチ？」という基本的な疑問から、「なんでこんなに覚えづらい操作をして管理をする必要があるのだろう？」と感じていたことを今でも鮮明に覚えています。

そんな経験から、2019 年に Qiita へ記事とチートシートを投稿しました (https://qiita.com/kozzy/items/b42ba59a8bac190a16ab)。こちらは当時の Git 初心者だった自分自身に向けて作成したものです。図を多用し、概念を視覚的に整理することで理解が深まった自分の経験を他の人とも共有したかったのです。

幸いなことに、その記事を読んでくださった秀和システムの木津様からのご提案により、この書籍を執筆する機会をいただきました。本書では、Git の概念を豊富な図解と実践例を通して分かりやすく説明していきます。

私自身の経験から「概念を図で整理しイメージすること」と「実際に手を動かして実践すること」の反復が理解を深める良い方法だと考えております。この書籍を手にとられた皆様も、ぜひこの学習サイクルを通じて Git の技量を高め、開発作業をよりスムーズに進められるようになることを心から願っています。

● **本書の構成**

本書は全 13 章で構成されており、Git/GitHub の基礎から応用まで段階的に学べるように設計されています。

第 1 章から第 9 章では、Git の基本操作を中心に解説しています。リポジトリのクローン、ブランチの作成、変更の追加とコミット、プルリクエストの作成、マージの方法など、日常的な開発作業で必要となる基本的な操作を学びます。

第 10 章と第 11 章では、より高度な Git コマンド（`git fetch`、`git cherry-pick`、`git rebase` など）や VSCode を使った Git 操作について解説し、効率的な開発ワークフローを実現するための知識を習得します。

第 12 章と第 13 章では、GitHub の便利な機能（Issue 管理、Wiki 作成、GitHub Actions）や GitHub Copilot などの生成 AI 関連機能について詳しく説明し、チーム開発やプロジェクト管理をさらに効率化するための方法を学びます。

▼各章で紹介するGitコマンド

章	タイトル	コマンド
第1章	はじめに	（―）
第2章	Git/GitHub を使えるようにしよう	（―）
第3章	GitHub 上のソースコードを自分の PC に持ってこよう	`git clone`、`git log`、`git branch`
第4章	GitHub 上のソースコードに変更を加えてみよう	`git config`、`git switch`、`git add`、`git checkout`、`git status`、`git diff`、`git commit`、`git push`
第5章	複数の人が行った変更を1つにまとめてみよう	`git merge`、`git branch -d`
第6章	変更したソースコードに問題がないか確認してもらおう	`git pull`
第7章	複数の人が行った変更の交通整理をしよう	（―）
第8章	間違えてしまった変更を取り消そう	`git reset`、`git revert`
第9章	新しいソースコードを GitHub で管理できるようにしよう	`git init`、`git remote`
第10章	Git でできること解説	`git fetch`、`git cherry-pick`、`git rebase`、`git stash`、`git tag`、`.gitignore` ファイル、`submodule`
第11章	VSCode を利用して Git を操作する	（―）
第12章	GitHub でできること	（―）
第13章	GitHub の生成 AI 関連機能の解説	（―）

　コマンドの実践を行う章では、シーケンス図や解説図を用いて視覚的に理解しやすく説明するとともに、実際のコマンド例や操作手順を具体的に示しています。

　初心者の方は第 1 章から順に読み進めることをお勧めしますが、すでに Git の基本を理解している方は、目的に応じて必要な章から読んでいただく形でも構いません。

まえがき

●付録：Git/GitHub チートシートのご案内

いつでもおさらいできるように、Git のコマンドチートシート（一覧図）も付録として用意しております。ぜひ書籍と併せて繰り返して見ながら Git と GitHub の世界に飛び込んでみてください（チートシートには書籍に含まれていない内容も含まれています）。

▼チートシートダウンロード用URL

bit.ly/4bAaL5q

図1 付録チートシートの画像1

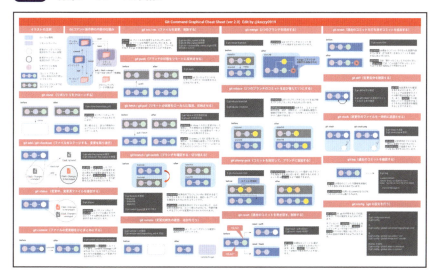

図2 付録チートシートの画像2

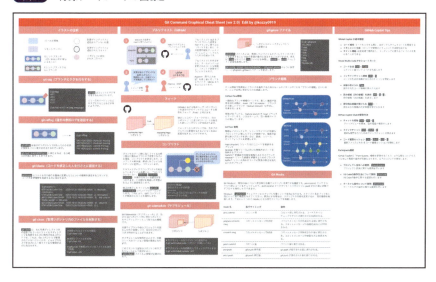

本書の読み方

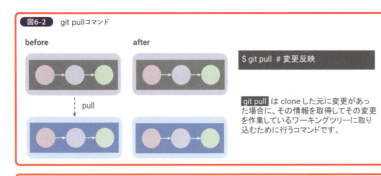

●**コマンド実行例**
コマンドを実行すると何が起こるかを解説します。

6.1 変更内容を取得してすぐに反映する　git pull

リモートリポジトリの変更をローカルに取り込むために、`git pull` コマンドを使用します。このコマンドは `git fetch` と `git merge` の操作を同時に行い、リモートリポジトリの最新の状態をローカルリポジトリに反映させます。

```
$ git pull origin main
```

例えば、`git pull origin main` と入力すると、`origin` というリモートリポジトリの `main` ブランチから最新の変更を取得し、ローカルの `main` ブランチにマージします。

`git pull` コマンドの実行にあたっては、いくつかの重要な点に注意しましょう。このコマンドは、まず `git fetch` コマンドでリモートリポジトリから変更を取得し、次に `git merge` コマンドを使ってそれらの変更をローカルブランチにマージします。

このマージの過程でマージコンフリクトが発生する可能性があるため、`git pull` を実行する前に、ローカルで行った変更を `git commit` コマンドでコミットするか、`git stash` コマンドで一時的に退避させておくことを強く推奨します。

`git pull` コマンドは定期的に実行することで、チームの他メンバーの変更をローカルに反映し、効率的な共同作業を支援します。

●**主なオプション**

`git pull` コマンドで使用できるオプションをいくつかご紹介します。

表6-1 git pullの主なオプション

オプション	説明
--ff-only	Fast-forward マージのみを許可し、それ以外の場合はプルを中止します
--no-ff	Fast-forward マージを無効にし、必ずマージコミットを作成します
--rebase	マージの代わりに rebase を使用してローカルの変更を適用します
-v, --verbose	より詳細な情報を表示します
--no-commit	マージを実行しますが、自動コミットを行いません
--squash	リモートの変更を1つのコミットにまとめてマージします
--allow-unrelated-histories	関係のない履歴を持つブランチ間のマージを許可します
-s, --strategy=<strategy>	マージ戦略を指定します（例：recursive, ours など）

●**コマンドオプション**
よく使うコマンドオプションを表形式でまとめます。便利なのに見落としているオプションと出会えるかもしれません。

開発系エンジニアのための
Git/GitHub絵とき入門

―― 目 次 ――

第1章 はじめに

1.1	本書の特徴	14
1.2	対象読者	16
1.3	Gitの仕事をざっくりつかむ	17
1.4	リポジトリのイメージをざっくりつかむ	20
1.5	この書籍の説明で利用するシーケンス図について	22

第2章 Git/GitHubを使えるようにしよう

2.1	GitをWindowsで使えるようにしよう	24
2.2	GitをmacOSで動かせるようにしよう	29
2.3	確認と初期設定を済ませよう	33
2.4	GitHubを使えるようにしよう	36

GitHub上のソースコードを自分のPCに持ってこよう

- 3.1　リポジトリをフォークする．．．．．．．．．．．．．．．．．．．．．．．．．．．．．．．．．．．．． 46
- 3.2　リポジトリをクローンする．．．．．．．．．．．．．．．．．．．．．．．．．．．．．．．．．．．．．． 49
  `git clone`
- 3.3　コミット履歴を確認する．． 53
  `git log`
- 3.4　ブランチを一覧表示する．． 56
  `git branch`

GitHub上のソースコードに変更を加えてみよう

- 4.1　GitHub上のリポジトリに変更を加えるための環境をセットアップする．．．．．．．． 62
- 4.2　gitの設定をする．． 69
  `git config`
- 4.3　ブランチを切り替える．． 71
  `git switch`
- 4.4　変更をステージする．．． 74
  `git add`
- 4.5　変更を取り消す．．． 77
  `git checkout`
- 4.6　ファイルの状態を確認する．．．．．．．．．．．．．．．．．．．．．．．．．．．．．．．．．．．．．． 80
  `git status`
- 4.7　変更内容を確認する．．． 83
  `git diff`
- 4.8　変更のコミットを追加する．．．．．．．．．．．．．．．．．．．．．．．．．．．．．．．．．．．．．． 85
  `git commit`
- 4.9　変更をプッシュする．．． 87
  `git push`

複数の人が行った変更を1つにまとめてみよう

- 5.1 ブランチをマージする 92
  `git merge`
- 5.2 ブランチを削除する 95
  `git branch -d`

変更したソースコードに問題がないか確認してもらおう

- 6.1 変更内容を取得してすぐに反映する 98
  `git pull`
- 6.2 プルリクエストを作成する 100
- 6.3 リモートブランチの削除 107

複数の人が行った変更の交通整理をしよう

- 7.1 コンフリクトを解決する 110
- 7.2 1人でコンフリクトを起こす手順 112
- 7.3 コンフリクト発生の確認 114

間違えてしまった変更を取り消そう

- 8.1 変更をなかったことにする 118
  `git reset`

8.2	コミットを取り消す 121
	`git revert`

新しいソースコードをGitHubで管理できるようにしよう

9.1	新しく Git リポジトリを作成する 126
	`git init`
9.2	リモートリポジトリを管理する 128
	`git remote`
コラム	リポジトリ管理の便利ツール一覧 131

Gitでできること解説

10.1	変更内容を取得する 134
	`git fetch`
10.2	特定のコミットを適用する 138
	`git cherry-pick`
10.3	コミット履歴を整理する 141
	`git rebase`
10.4	作業中の変更を一時的に保存する 145
	`git stash`
10.5	特定の時点にタグをつける 149
	`git tag`
10.6	git で管理しないファイルを指定する 153
	`.gitignore ファイル`
10.7	他の Git リポジトリを参照する 157
	`submodule`
コラム	Git 関連便利ツールの紹介 160

VSCodeを利用してGitを操作する

11.1 VSCodeでGitを使う 164
11.2 VSCodeでGitをより便利に扱うための拡張機能 169

GitHubでできること

12.1 Issueの管理 172
12.2 Wikiの作成 174
12.3 GitHub Project（プロジェクトの管理） 175
12.4 GitHub Actions（CI/CD機能） 182

GitHubの生成AI関連機能の解説

13.1 GitHub Copilot 190
13.2 主な特徴と活用方法 191
13.3 GitHub Copilotの導入方法 194
13.4 Copilot Chatの使用方法 197

終わりに 199
巻末付録　Gitコマンド一覧 200
索引 201

第1章

はじめに

本書はGit初心者やバージョン管理システムを学びたい人、さらにはGitを使ってチーム開発をスムーズに進めたい人を対象に、Gitの基本的な概念から少しだけ踏み込んだ使い方までを学べる内容となっています。

1.1	本書の特徴	14
1.2	対象読者	16
1.3	Gitの仕事をざっくりつかむ	17
1.4	リポジトリのイメージをざっくりつかむ	20
1.5	この書籍の説明で利用するシーケンス図について	22

第 1 章 | はじめに

本書の特徴

●図解と例の豊富な解説

　Gitの基本操作や重要な概念を、できるだけ分かりやすく、視覚的に理解できるように図解や具体的な例を多く使用しています。Gitには数多くのコマンドがありますが、実際の開発現場でよく使われるものを中心に学べるように解説しています。

図1-1　主なGitコマンド操作時の仕組み

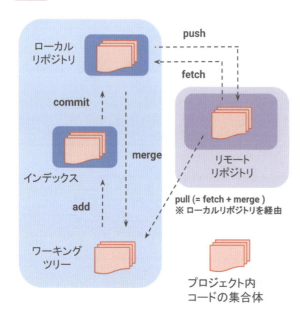

●コマンドラインと GUI ツールの両方を紹介

　Git はコマンドラインで操作することが一般的ですが、おまけのページにて GUI ツールを使った操作も解説しています。これにより、コマンドライン操作に慣れていない方や視覚的な操作を好む方でも、安心して Git を使いこなせるようになります。

本書の特徴 **1.1**

図1-2 コマンドラインとGUIツールの違い

コマンドライン

多くの環境で利用できて、スクリプト化が容易。多様なコマンドを利用できる。

GUIツール

直感的な操作で使いやすい。しかし、利用できる機能が限られ、リモートサーバ上などで使えない場合がある。

● Git ホスティングサービスの使い方

　GitHub という Git リポジトリのホスティングサービスの活用方法も詳しく解説しています。これにより、リモートリポジトリの作成、チームメンバーとの共同作業、プルリクエストを通じたレビューやフィードバックの方法など、実際の開発に直結したスキルを身につけることができます。

図1-3 Gitホスティングサービスの活用イメージ

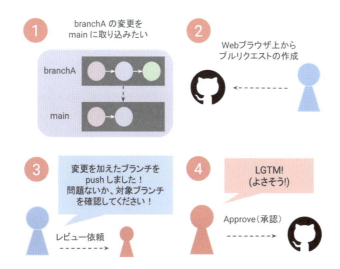

1.2 対象読者

● Git 初心者

バージョン管理の基本を学びたい人や、初めて Git を使う方でも理解できるよう、わかりやすく解説しています。

●バージョン管理システムを学びたい人

Git 以外のバージョン管理システムを知らない方にも、Git を使うことでどのようにプロジェクト管理が効率化できるかを説明します。

●これからチーム開発に入る人

Git を使ってチームメンバーと連携し、効率的に共同開発を進める方法を解説します。

また、Git には用語や概念が多く存在し、それぞれ単体を覚えるだけでは結果として何も操作することができない。それぞれの用語や概念がどの様に関係しているかを大まかに把握するために1枚のチートシートにまとめています。

本書ではこのチートシートを確認しながら実際の現場で活用いただける様に設計しております。

1.3 Gitの仕事をざっくりつかむ

　Google 社の「Google ドキュメント」には「変更履歴」という機能があります。これは、作成した文書に手を加えたとき、3W1H を記録する機能です。3W1H とは

・いつ（日時）
・だれが
・文書のどの部分を
・どのように

変更したかのことです。この記録が無いと場合によってはその文書の出所が分からず、後から混乱してしまいますよね。

図1-4　3W1Hが分からないと混乱してしまう

図1-5　3W1Hが分かれば混乱を避けられる

打ち消し線がある部分が削除した部分で、薄い背景のある部分が追加した部分です。このような手を加えた部分を**変更箇所（変更点）**といったり、**差分（さぶん）**といったりします。

ソフトウェアの世界でも同じです。

> **Note** ソフトウェア開発の世界では、difference（差分）の先頭4文字をとって diff（ディフ）と呼ばれたり、patch（パッチ、つぎはぎ）と呼ばれたりします。

差分の集まりを、1回のファイル保存ごとに束ねるのが、**リビジョン**です。

・1か所変更するたびに保存すると、1つリビジョンが、1つの差分を含むことになります。
・何ヶ所か変更して、変更が一区切りした段階で保存すると、1つのリビジョンが多くの差分を含むことになります。

リビジョンが集まってある機能を実現するような「意味のある変更」となったとき、そうしたリビジョンの集まりを**バージョン**と呼びます。

KEYWORD 履歴（りれき）
いつ、だれが、どこを、どのように変更したかという、データの歴史を記録したもの。

KEYWORD 差分（さぶん）
変更点のこと。書き換えだけではなく、追加、削除、移動も差分です。

KEYWORD リビジョン
リビジョン（revision）とは元々「修正」「改訂」といった意味がある。1回の保存で記録される差分の集まり。

KEYWORD バージョン
リビジョンを積み重ねた結果。v9.3.1 のように数値で管理されることが多い。

本書で紹介する Git は、差分、リビジョン、バージョンの管理だけに特化したソフトウェアです。Git は差分の管理に特化したツールで、いくつもの長所があります。

・管理するファイルの種類を選ばない
・管理のための機能が充実している
・一人でも、大人数でも使える
・インターネットを活用した便利な Git ホスティングサービスが存在する
・世界でいちばんユーザが多く、利用のための情報が充実している

もう、使わない理由がないくらいです。ただ、そんなGitにも難点があるといわれます。よく目にするのが「Gitは複雑すぎる」という意見です。しかし、本質はそうではありません。「Gitがややこしい」のではありません。「履歴を管理する話が、そもそもややこしい」のです。Gitがややこしいのは、原因ではなく結果です。こうした誤解を、本書を通して少しでも解消できたら良いなと思っています。

1.4 リポジトリのイメージをざっくりつかむ

● リポジトリ

　Gitはバージョン管理システムですが、どのように動作するのでしょうか。Googleドキュメントでは一つのファイルに、変更履歴を含むすべてのデータを保存します。

　Gitも同じように、**リポジトリ**というフォルダの中で、変更履歴を含むすべてのデータを保存します。Googleドキュメントのような変更管理と大きく違う点がリポジトリ内で複数のファイルを管理できる点、そしてファイルの変更履歴を分散して管理できる点です。

　分散管理により、複数人での開発作業がスムーズになり、オフラインでの作業も可能になります。また、変更履歴を完全なバックアップとして保持できるため、ファイルが競合して内容を失うリスクを減らすことができます。

> **KEYWORD** リポジトリ（Repository）
> リポジトリという言葉には、貯蔵庫という意味があります。Gitにおけるリポジトリはファイルと変更履歴の貯蔵庫のことを指します。

図1-6　リポジトリは変更履歴の貯蔵庫

　Gitはファイルと共に、あたかもデータベースのように変更履歴を貯めることができます。たとえるなら、Gitは履歴専用のデータベースのようなものとして捉えることができます。

図1-7　Gitは履歴専用のデータベースのようなもの

　Gitがデータベースなら、データを入れたり、出したりするときに、初期化したり、何か手続きが必要なのではと思い至ります。Gitにもリポジトリを初期化したり、リポジトリへデータを入れたり、出したりするコマンドが用意されています。

　こうしたコマンドを、やりたいことや、いまの状況、将来発生するかも知れないリスクを想定しながら使いこなすことが、「Gitを使う」ということになります。本書は開発系エンジニアにとって欠かせないGitコマンドと、その利用シーンをできる限り具体的にまとめていきます。

第 1 章 | はじめに

この書籍の説明で利用する
シーケンス図について

　この書籍では一部説明の際に、シーケンス図という概念図を使います。シーケンス図とは、ある処理の流れを時間軸で表現した図です。
　例えば、Git をインストールするときの流れをシーケンス図で表現すると以下のようになります。その章入る前に、実施する操作の流れをイメージしていただければと思います。

図1-8　シーケンス図の例

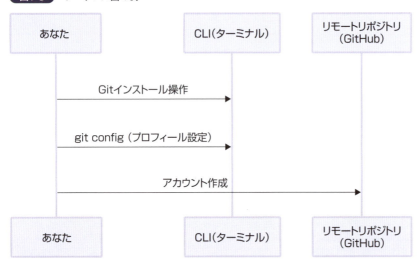

※実線は操作、破線はレスポンスを意味します。

第2章

Git/GitHubを使えるようにしよう

　この章では、GitとGitHubを実際に使えるようにするための環境構築について説明します。まず、バージョン管理システムであるGitをローカル環境にインストールする方法を、WindowsとmacOSそれぞれのOSごとに解説します。その後、GitHubのアカウント作成方法とGitHubを使うための初期設定について順を追って説明していきます。

2.1 GitをWindowsで使えるようにしよう　24
2.2 GitをmacOSで動かせるようにしよう　29
2.3 確認と初期設定を済ませよう　33
2.4 GitHubを使えるようにしよう　36

第2章 | Git/GitHubを使えるようにしよう

GitをWindowsで使えるようにしよう

● Git for Windows のダウンロード

Gitの公式サイトにアクセスし、最新のインストーラーをダウンロードします。

次の2つのサイト、いずれからダウンロードしても構いませんが、ここでは https://gitforwindows.org/ からダウンロードします。Webブラウザーでサイトを開き、「Download」をクリックします。

図2-1　https://gitforwindows.org/を開いた様子

▼Git for Windowsのダウンロード

- https://gitforwindows.org/
- https://git-scm.com/download/win

●インストーラーの実行

ダウンロードしたインストーラーを右クリックして表示されるメニューから「管理者として実行」を選択します。

図2-2　インストーラーを管理者として実行する

●インストール設定

インストール中に表示される各設定画面では、基本的にデフォルトの設定のまま、「Next」ボタンを押してゆくことをお勧めします。

ここでは、デフォルトの設定以外に変更すべき部分だけを説明します。

・「Choosing the default editor used by Git」設定画面
・「Configuring the line ending conversions」設定画面

「Choosing the default editor used by Git」設定画面では、Gitが呼び出すテキストエディターを選択します。本書ではVisual Studio Codeを使いますので、プルダウンメニューで「Use Visual Studio Code as Git's default editor」を選択します。

図2-3　デフォルトエディターの選択

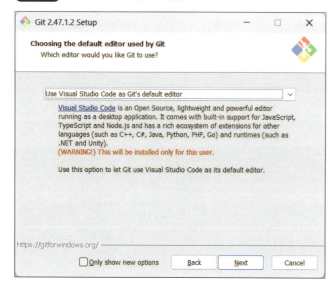

「Configuring the line ending conversions」設定画面では、改行コードの自動変換のオン・オフ、オンの場合はどのタイミングで行うかを決めます。

本書では、「Checkout as-is, commit Unix-style line endings」を選択します。

図2-4　改行コード自動変換の設定

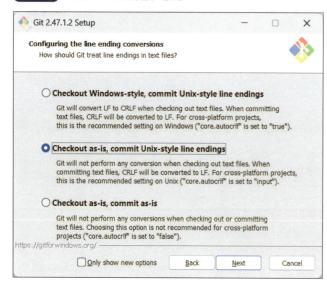

> **Note** この設定は、インストール完了後、次のようにして変更することができます。

```
$ git config --global core.autocrlf true   # 上の選択肢と同等
$ git config --global core.autocrlf input  # 中央の選択肢と同等
$ git config --global core.autocrlf false  # 下の選択肢と同等
```

次の画面で、「Install」をクリックすると、インストールが始まります。

図2-5 追加のオプションを設定

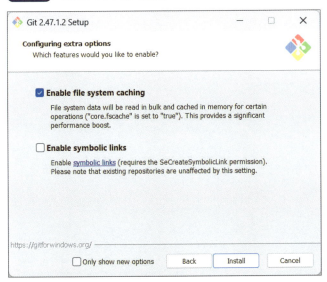

しばらくして、次の画面が表示されれば、インストールは完了です。「Launch Git Bash」をオンにして、「Finish」ボタンを押します。Webブラウザーが起動して、リリースノートが表示されますが、閉じてしまって構いません。

図2-6　インストールの完了

もう一つ、次のようなウィンドウが表示されているはずです。これが Git Bash の画面です。

図2-7　Git Bash起動画面

この画面は閉じずに、2.3 節へ進んでください。

2.2 GitをmacOSで動かせるようにしよう

● Homebrewのインストール（未インストールの場合）

Homebrewを使うと、macOSへのGitのインストールがかんたんになります。
Homebrewがインストールされていない場合、Homebrewをインストールところから始めましょう。
Dockから「Launchpad」を起動します。

図2-8 Dockから「Launchpad」を起動する

「その他」を開きます。

図2-9 「その他」を開く

「ターミナル」を起動します。

図2-10 「ターミナル」を起動する

Webブラウザーでhttps://brew.sh/jaにアクセスし、「インストール」と書かれた部分の下にあるコマンド行に添えられたコピーボタン（右端）をクリックします。

図2-11 コマンドをコピーする

「ターミナル」のウィンドウに切り替えて、コピーしたコマンドを command + V でペーストし、 return キーを押します。すると、Homebrewのインストールが始まります。しばらくして、https://docs.brew.sh と表示されたら、Homebrewのインストールは完了です。

```
$ /bin/bash -c "$(curl -fsSL https://raw.githubusercontent.com/Homebrew/install/
HEAD/install.sh)"
==> Checking for `sudo` access (which may request your password)...
Password:
==> This script will install:
/opt/homebrew/bin/brew
/opt/homebrew/share/doc/homebrew
/opt/homebrew/share/man/man1/brew.1
/opt/homebrew/share/zsh/site-functions/_brew
/opt/homebrew/etc/bash_completion.d/brew
/opt/homebrew
  ：途中省略
- Further documentation:
    https://docs.brew.sh
```

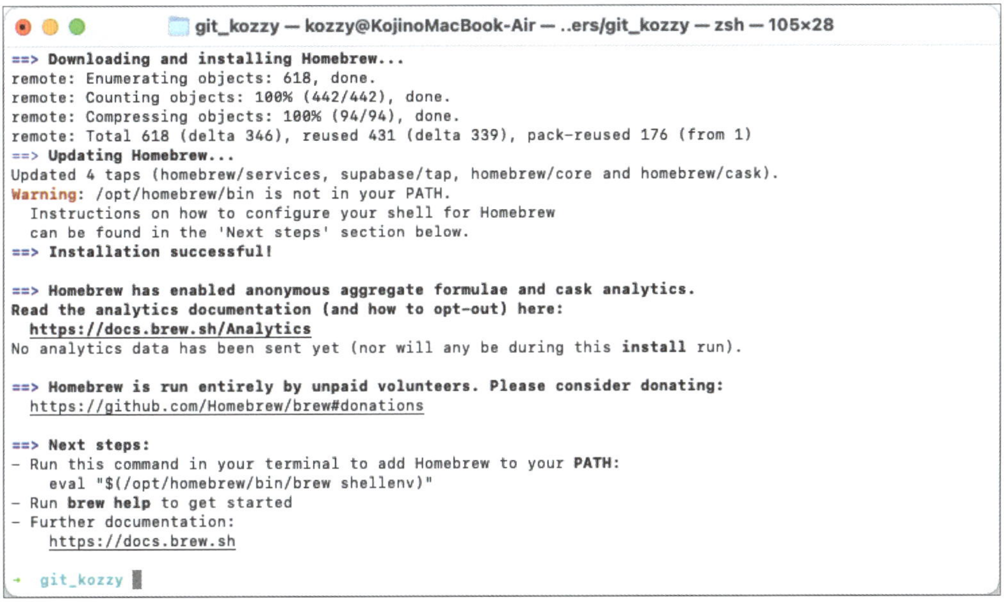

図2-12 Homebrewのインストール

画面内の指示に従い、次のコマンドを実行します。該当部分をマウスで選択し、コピーすることもできます。このコマンドは、シェルにHomebrewのインストール先を登録し、どこからでも実行できるようにするためのコマンドです。

```
$ eval "$(/opt/homebrew/bin/brew shellenv)"
```

● Git のインストール

Homebrew を使用して Git をインストールします。

ターミナルで brew install git と入力し、return キーを押します。

```
$ brew install git
==> Downloading https://ghcr.io/v2/homebrew/core/git/manifests/2.47.1
######################################################################## 100.0%
==> Fetching git
==> Downloading https://ghcr.io/v2/homebrew/core/git/blobs/sha256:196a94da5d9810
3d77bc442815ef073f99577fa
######################################################################## 100.0%
==> Pouring git--2.47.1.arm64_sonoma.bottle.tar.gz
  : 以降省略
```

「ターミナル」は閉じずに、2.3 節へ進んでください。

2.3 確認と初期設定を済ませよう

●インストールが成功したか確認する

　ここからは、Windows、macOS共通の手順となります。インストールが成功したか確認しましょう。「Git Bash」または「ターミナル」を開き、`git --version`と入力し、returnキーを押します。

　`git version 2.XX.X`のように、インストールしたGitのバージョン番号が表示されれば成功です。

```
$ git --version
```

●Gitの初期設定

　Gitは、誰かといっしょに共同作業を行うための道具です。Gitにみなさんの名前と連絡先（メールアドレス）を正しく登録し、共同作業が混乱しないようにしましょう。

　Git Bashまたはターミナルを開き、次のように実行します。

```
$ git config --global user.name "kozzy-lgtm"

$ git config --global user.email "kozzy-lgtm@sample.com"
```

　"kozzy-lgtm"は筆者のユーザー名、"kozzy-lgtm@sample.com"のメールアドレスです。この部分は、読み替えてください。

　`--global`オプションを使うと、この設定がユーザーのホームディレクトリ内の`.gitconfig`ファイルに書き出され、手元のPCで作るすべてのリポジトリに同じ設定が適用されます。

● Git のコマンド一覧を見る

前項では、git config というコマンドを使い、ユーザー名とメールアドレスを登録しました。他にもどんなコマンドがあるか知りたいときは、「Git Bash」または「ターミナル」を開き、git help コマンドを実行します。すると、Git で使えるコマンドの一覧が表示されます。

```
$ git help
usage: git [-v | --version] [-h | --help] [-C <path>] [-c <name>=<value>]
           [--exec-path[=<path>]] [--html-path] [--man-path] [--info-path]
           [-p | --paginate | -P | --no-pager] [--no-replace-objects] [--bare]
           [--git-dir=<path>] [--work-tree=<path>] [--namespace=<name>]
           [--super-prefix=<path>] [--config-env=<name>=<envvar>]
           <command> [<args>]

These are common Git commands used in various situations:

start a working area (see also: git help tutorial)
    clone      Clone a repository into a new directory
    init       Create an empty Git repository or reinitialize an existing one

work on the current change (see also: git help everyday)
    add        Add file contents to the index
    mv         Move or rename a file, a directory, or a symlink
    restore    Restore working tree files
    rm         Remove files from the working tree and from the index

examine the history and state (see also: git help revisions)
    bisect     Use binary search to find the commit that introduced a bug
    diff       Show changes between commits, commit and working tree, etc
    grep       Print lines matching a pattern
    log        Show commit logs
    show       Show various types of objects
    status     Show the working tree status

grow, mark and tweak your common history
    branch     List, create, or delete branches
    commit     Record changes to the repository
    merge      Join two or more development histories together
    rebase     Reapply commits on top of another base tip
    reset      Reset current HEAD to the specified state
    switch     Switch branches
    tag        Create, list, delete or verify a tag object signed with GPG

collaborate (see also: git help workflows)
    fetch      Download objects and refs from another repository
    pull       Fetch from and integrate with another repository or a local branch
```

```
   push       Update remote refs along with associated objects

'git help -a' and 'git help -g' list available subcommands and some
concept guides. See 'git help <command>' or 'git help <concept>'
to read about a specific subcommand or concept.
See 'git help git' for an overview of the system.
```

この一覧は、コマンド名をうっかり忘れてしまった場合などに便利です。本書では、これらのコマンドのうち、よく使うものを紹介していきます。

> **Note** 読者の中にはVSCodeを普段使いされている方も多いのではないでしょうか。
> VSCodeにはGit統合機能が組み込まれており、コマンドを使わずにGUIで操作することができます。しかし、VSCodeを使えない環境でGitを利用するケースもあるため、コマンドラインから使う方法を押さえておいた方が良いでしょう。
> 本書の第11章ではVSCodeからGitを使う方法も解説していますので、気になる方はそちらをご覧ください。

GitHubを使えるようにしよう

● GitHub のアカウントを作成する

　GitHub を使うには、GitHub アカウントの作成が必要です。ここでは GitHub アカウントの作成方法を紹介します。

　GitHub の公式サイト（https://github.co.jp/）にアクセスし、右上に表示されている「サインアップ」ボタンをクリックします。

図2-13　https://github.co.jp/のサインアップをクリック

　画面に従い、メールアドレス、パスワード、GitHub におけるユーザー名を入力します。パスワードは、一定の強度（15 文字以上、または 8 文字以上で英数字を含む）が必要です。ユーザー名は英大文字・小文字とハイフンを使えますが、ハイフンから始まるユーザー名は付けることができません。

図2-14　ユーザー情報を入力

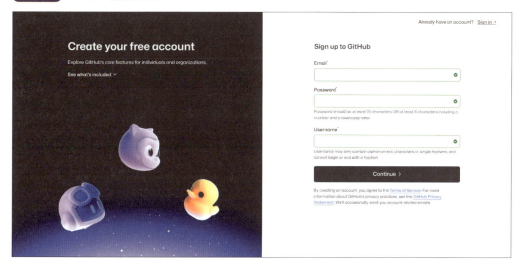

　アカウント情報の入力が人間によるものかどうかの確認が行われます。ここでは「視覚パズル」を選びます。

図2-15　「視覚パズル」を選択

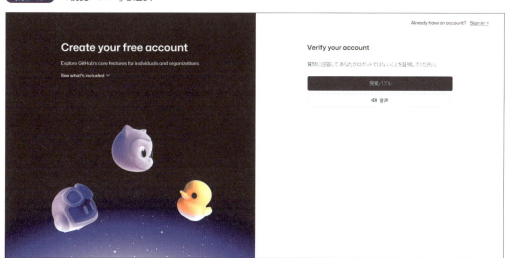

　いくつかの CAPTCHA 認証が実施されます。CAPTCHA 認証は、みなさんがロボットではないことを確認するテストです。画面の指示に従い、認証を終えてください。同様のテストを 2 度クリアすれば、先へ進めます。

図2-16　CAPTCHA認証

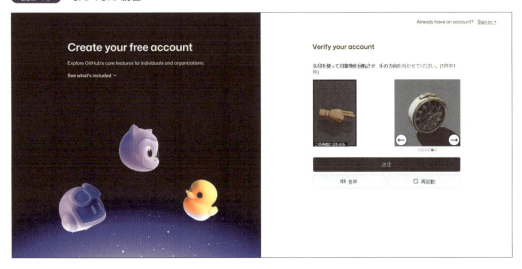

　入力が完了すると、画面が切り替わり、8桁の数字を入力するよう求められます。この数字は、GitHubから先ほど登録したメールアドレスに通知されます。

図2-17A　「GitHub launch code」の入力

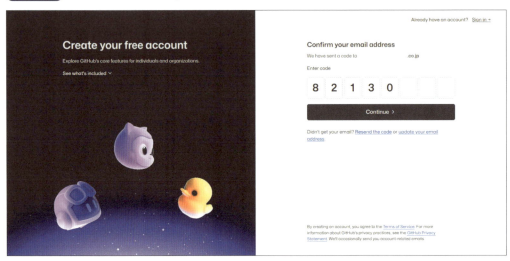

> **図2-17B** 「GitHub launch code」の受信

　入力が完了したらGithubのアカウント作成は完了です。作成したアカウントでGitHubへサインインしておきましょう。画面右上の「Sign in」をクリックします。

> **図2-18** 「Sign in」をクリック

　サインイン画面が表示されたら、ユーザー名（またはメールアドレス）とパスワードを入力し、「Sign in」ボタンをクリックします。

図2-19　サインイン画面

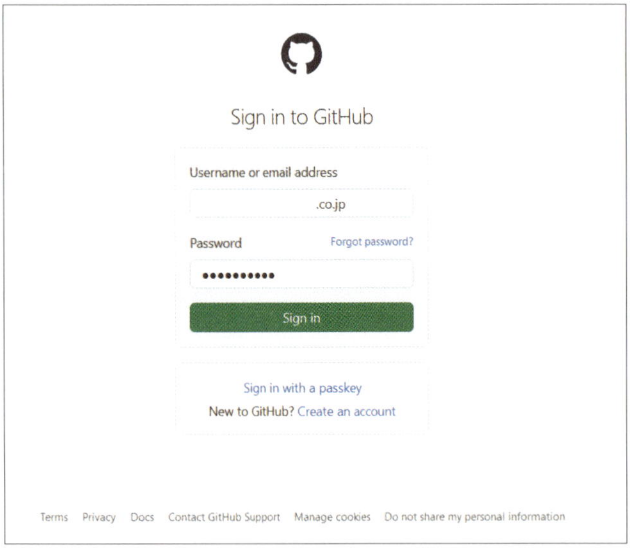

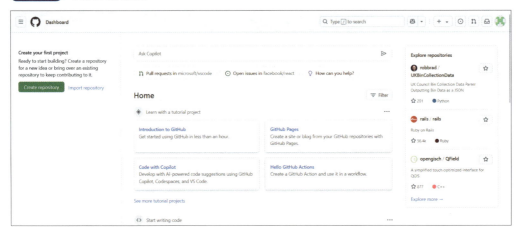

サインインに成功すると、次のような Dashboard 画面が表示されます。

図2-20　Dashboard画面

●リポジトリの作成

GitHub でリポジトリを作成する手順は、次の通りです。

GitHub アカウントにログインし、画面右上にある「＋」アイコンをクリックし、「New repository」を選択します。

図2-21　「New repository」を選択

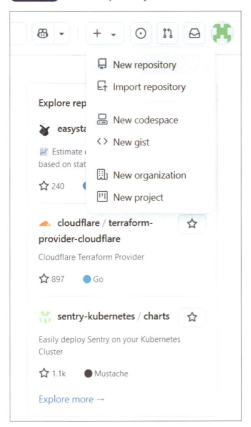

すると、新規リポジトリ作成ページが開きます。次のような情報を適宜入力します。

表2-1　新規リポジトリ作成ページの設定項目

設定項目	意味	解説	設定例
Repository name	リポジトリ名	半角英数字で覚えやすい名前を入力します。すでに作成済みのリポジトリ名を付けることはできません。	myRepository
Description	説明	必要に応じてプロジェクトの簡単な説明を入力します。	myRepository
Public/Private	公開 / 非公開	プロジェクトを誰でも閲覧可能な「Public」にするか、特定のユーザーのみアクセス可能な「Private」にするかを選択します。	Private
Add a README file	README ファイルを追加	オンにするとプロジェクト概要を説明するREADME ファイルが追加されます。	オフ
Add .gitignore	.gitignore を追加	ひな型を選ぶと、特定ファイルを無視するための .gitignore ファイルが追加されます。	None
Choose license	ライセンスの選択	リポジトリに保存する成果物のライセンスを選択できます。	None

図2-22　新規リポジトリ作成ページ

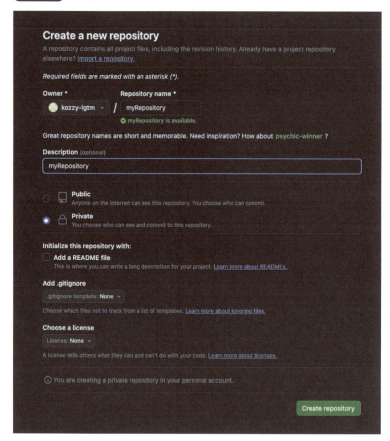

　設定後「Create repository」ボタンをクリックすると、新規リポジトリが作成され、プロジェクトの管理や共同作業の準備が整います。

図2-23　作成された新規リポジトリ「myRepository」

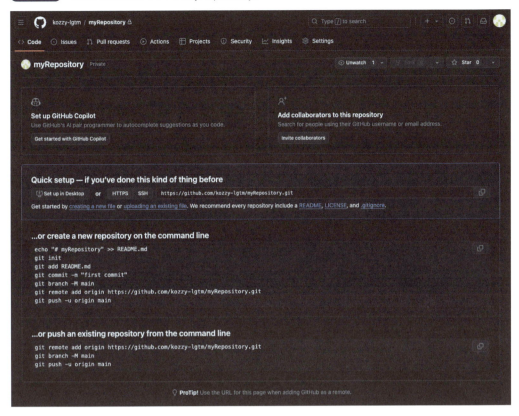

　作成後、リポジトリをローカル環境にクローンすることで、ローカルでの編集が可能になり、変更内容をリモートリポジトリにプッシュしてチームメンバーと共有することもできます。

　GitHub 上でのリポジトリ作成は、効率的なプロジェクト管理と円滑な共同作業の第一歩となります。

第3章

GitHub上のソースコードを自分のPCに持ってこよう

この章では、GitHubにあるリモートリポジトリの内容を自分のローカル環境にコピーする方法について詳しく説明します。リモートリポジトリからソースコードを手元に持ってくる操作は「クローン」と呼ばれ、git cloneコマンドを使って行います。クローンすることで、リモートリポジトリの最新の状態を自分のPCに複製することができます。

3.1	リポジトリをフォークする	46
3.2	リポジトリをクローンする git clone	49
3.3	コミット履歴を確認する git log	53
3.4	ブランチを一覧表示する git branch	56

●この章で行うことの流れ

　次のシーケンス図は、この章で行う一連の操作を示しています。まず、GitHubブラウザ上で対象のリポジトリをフォークし、自分のアカウントにコピーを作成します。次に、CLI（ターミナル）で`git clone`コマンドを実行してリモートリポジトリからローカル環境にデータを取得します。その後、`git log`コマンドでコミット履歴を確認し、`git branch`コマンドでブランチ一覧を表示します。

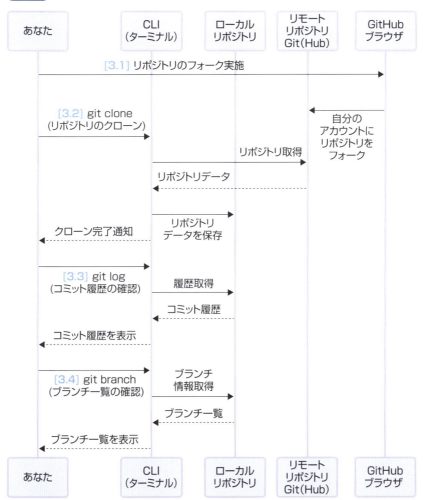

図3-1　この章で行うことの流れ

3.1 リポジトリをフォークする

　ここでは、GitHub のリポジトリをフォークする方法について説明します。フォークとは、他のユーザーのリポジトリを自分の GitHub アカウントにコピーする操作です。

KEYWORD　フォーク（Fork）

　フォークとは、他人のリポジトリを自分の GitHub アカウントにコピーすることです。フォークすることで、元のリポジトリに影響を与えることなく、自由に変更を加えることができます。また、フォークしたリポジトリから元のリポジトリに対して、自分の変更を提案することもできます。

図3-2　フォーク

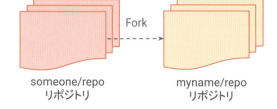

GitHubにおける他のユーザーのリポジトリを自分のアカウント下にコピーする操作をフォーク(Fork)と呼びます。

独立したコピー: フォークすると、元のリポジトリ(上流リポジトリ)とは独立した新しいリポジトリが作成されます。

フォークしたリポジトリでは、元のプロジェクトに影響を与えることなく自由に変更を加えることができます。

　この図は、GitHub のフォーク機能の動作を説明しています。元のリポジトリは他のユーザーのアカウント下にあります。フォークをすることで、そのリポジトリが自分の GitHub アカウント下に完全なコピーとして作成されます。
　実際にその操作を行ってみましょう。

1. まず、GitHub で公開されているサンプルリポジトリを見つけます。今回は例として、筆者が作った以下のトレーニング用のリポジトリを使用するので URL をブラウザから入力してください（もしくは github.com 上のレポジトリ検索から kozyszoo/git-training で検索）

▼トレーニング用のgitリポジトリ

```
https://github.com/kozyszoo/git-training
```

2. 画面右上にある「Fork」ボタンをクリックします

図3-3　「Fork」ボタンをクリック

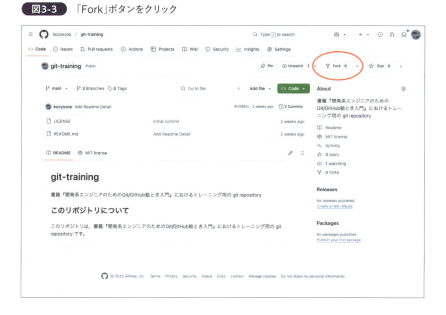

3. リポジトリ名や説明は特に変更せず、「Create fork」をクリックしてフォークを完了します

図3-4　「Create fork」をクリック

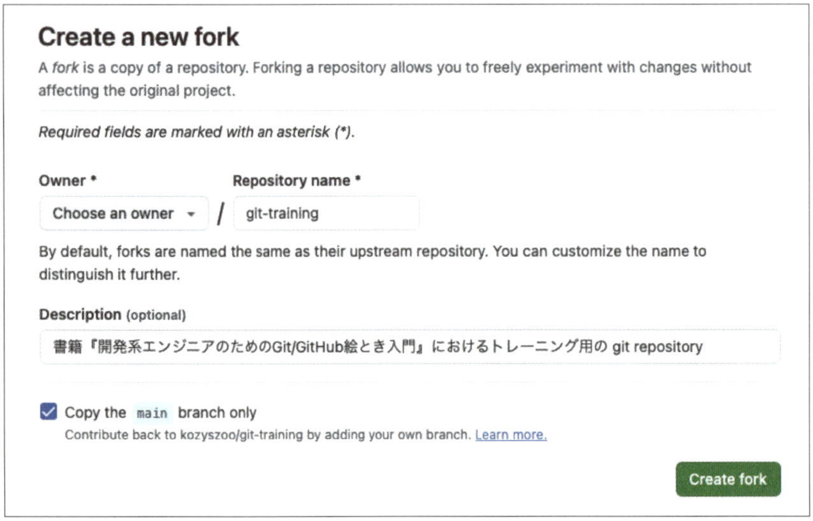

　フォークが完了すると、自分のGitHubアカウントに元のリポジトリのコピーが作成されます。このフォークしたリポジトリに対して、自由に変更を加えることができます。

> **Note 補足**
>
> フォークしたリポジトリは、元のリポジトリとは独立して存在します。そのため、フォークしたリポジトリでの変更は、元のリポジトリには影響を与えません。

第 3 章 | GitHub上のソースコードを自分のPCに持ってこよう

3.2

リポジトリをクローンする
git clone

● プロジェクトを手元にコピーする

ここでは、GitHub のリポジトリをローカル（自分の PC）にクローン（コピー）する方法について説明します。

図3-5　git clone（リポジトリをクローンする）

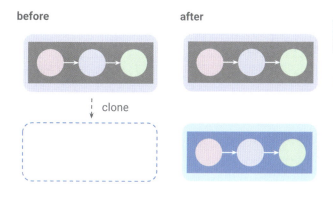

`$ git clone {repository_url}`

`git clone` はリモートからリポジトリをクローンするために行います。

言い換えると、自分の環境外からプロジェクトを自分の手元にコピーします。

この図は、Git の `git clone` コマンドの働きを説明したものです。リモートリポジトリをローカルにコピーするプロセスを表現しています。リモートリポジトリとローカルリポジトリの状態を、クローン前（Before）とクローン後（After）で比較しています。

上段のグレーの枠で囲まれた部分は、GitHub などのサーバー上にあるリモートリポジトリを表しています。

下段の青い点線枠は、クローン前のローカル環境を示しており、まだリポジトリが存在していない状態を表しています。`git clone` コマンドを実行することにローカルにリポジトリが作成されたこと示しています。ここでは、リモートリポジトリと同じピンク、紫、緑の 3 つのコミット履歴が完全に複製されていることが分かります。

KEYWORD **クローン（Clone）**
　　生物用語としてのクローン同じものをコピーして生成する、という意味を持ちます。gitにおいても同様で、外部にあるリポジトリを自分の手元にコピーするという操作になります。

```
$ git clone <リポジトリURL>
```

例えば、次のように実行することになります。

```
$ mkdir github  # githubディレクトリを作成
$ cd github     # githubディレクトリに移動
$ git clone https://github.com/kozzy-lgtm/myRepository.git
```

　これはリポジトリをクローンするためのコマンドです。指定したURLのリポジトリをローカルにコピーします。
　それでは、先ほどフォークしたリポジトリを自分のローカルにクローンを行ってみましょう。

●リポジトリのURLを取得する

　github.comにアクセスして先ほどフォークした`git-traning`リポジトリのURLを開きます。
　`git-traning`のリポジトリページで緑色の「Code」ボタンをクリックします。
　HTTPSタブを選択し、URLをコピーします。

図3-6　リポジトリのURLをコピーする

● クローンしたいディレクトリに移動する

ターミナルを開き、クローンしたいディレクトリに移動します。

```
# ホームディレクトリ配下に github ディレクトリを作成し、移動する
$ mkdir ~/github
$ cd ~/github
```

● `git clone` コマンドを実行する

`git clone` コマンドを実行します。

```
$ git clone https://github.com/{自分のGitHubユーザーネーム}/git-training
```

● クローンが始まり、完了する

クローンが完了すると、リポジトリの内容がローカルにコピーされます

```
Cloning into 'git-training'...
remote: Enumerating objects: 1024, done.
remote: Counting objects: 100% (33/33), done.
remote: Compressing objects: 100% (22/22), done.
Receiving objects: 100% (1024/1024), 8.86 MiB | 7.31 MiB/s, done.
Resolving deltas: 100% (521/521), done.
```

クローンが完了したら、以下のコマンドでリポジトリの状態を確認できます。

```
$ cd git-training
$ git status
On branch main
Your branch is up to date with 'origin/main'
nothing to commit, working tree clean
```

> **Note** 同じ「コピー」という言葉を用いてますが、フォークは GitHub 上の他の人のリポジトリを GitHub 上の自分のアカウントにコピーすることを指し、クローンでは GitHub 上のリポジトリをローカルにコピーします。違いを押さえておきましょう。

● git clone コマンドの主なオプション

git clone コマンドで使用できるオプションをいくつかご紹介します。

表3-1 git cloneコマンドの主なオプション

オプション	説明
--depth <数値>	指定した数のコミット履歴のみを取得
--branch <ブランチ名>	特定のブランチのみをクローン
--single-branch	単一のブランチのみをクローン
--recursive	サブモジュールも含めてクローン
--mirror	ミラーリポジトリとしてクローン
--bare	作業ディレクトリなしでクローン
--quiet	進捗状況を表示しない
--progress	進捗状況を表示（デフォルト）

コミット履歴を確認する
git log

ここでは、リポジトリのコミット履歴を確認する方法について説明します。

KEYWORD **コミット（Commit）**

コミットは、Gitにおけるバージョン管理の中心的な機能であり、特定の時点でのプロジェクトのファイルの状態を記録するスナップショットです。さらに噛み砕くとリポジトリ状態の「セーブポイント」のようなものです。コミットによって、ソースコードやその他のファイルの変更内容がリポジトリに保存され、変更履歴が追跡可能になります。

図3-7 git log

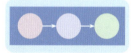

`git log` は過去のコミットの情報を詳細にリスト表示させるために行います。

`git cherry-pick` に用いる commit ID などはこのコマンドから調べられます。

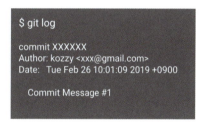

　この図では、Gitのコミット履歴と `git log` コマンドの出力結果を説明しています。図の左側では、コミット履歴がツリー状に表現されています。丸い円がそれぞれのコミットを表し、矢印でコミット間の時系列関係が示されています。最新のコミットが一番右に、古いコミットが左に配置されており、時系列での変更の流れを視覚的に表現しています。

　図の右側は、実際の `git log` コマンドの出力例を示しています。出力には以下の情報が含まれます。

・コミットID：各コミットを一意に識別するためのハッシュ値
・Author（作者）：コミットを作成した人の名前とメールアドレス
・Date（日付）：コミットが作成された日時
・コミットメッセージ：変更内容の説明文

この出力形式により、誰が、いつ、どのような変更を加えたのかを詳細に追跡することができます。

　`git cherry-pick` については8章で詳しく紹介しますが、ここで表示されるコミット ID を用いることで特定のコミットを指定して別のブランチに持ってくることができるようになります。

```
$ git log [オプション]
```

　`git log` コマンドを使用すると、リポジトリのコミット履歴を確認できます。このコマンドは、各コミットのハッシュ値（SHA値）、作成者、作成日時、コミットメッセージなどの情報を表示します。デフォルトでは最新のコミットから順に表示され、プロジェクトの変更履歴を把握するための重要な手段です。

　それでは、`git log` コマンドを使用して git-training リポジトリのコミット履歴を確認してみましょう。

```
$ git log
commit 804881c6014e0d3993f5c7e93615b43a2c148ffd (HEAD -> main, origin/main, origin/HEAD)
Author: kozyszoo <sample@sample.com>
Date:   Sun Jan 26 19:59:36 2025 +0900
    Add Readme Detail
commit cef51c5540f3111db240a117042f60cffd08a659
Author: kozzy0919 <sample@sample.com>
Date:   Wed Jan 22 21:00:51 2025 +0900
    Initial commit
```

　上記の例では、`git log` コマンドを実行した結果、リポジトリのコミット履歴が表示されています。各コミットには以下の情報が含まれています：

- **commit 804881c6014e0d3993f5c7e93615b43a2c148ffd**：コミット ID（SHA 値）
- **Author: kozyszoo <sample@xxx.com>**：コミットの作成者とそのメールアドレス
- **Date: Sun Jan 26 19:59:36 2025 +0900**：コミットの作成日時
- **Commit Message**：コミットメッセージ（この例では "Add Readme Detail"）

　このように、`git log` コマンドを使用することで、リポジトリの変更履歴を詳細に確認することができます。具体的には特定の変更がいつ、誰によって行われたのかを追跡するのに役立ちます。

● git log コマンドの主なオプション

git logコマンドには、以下のようなオプションがあります。

表3-2 git logコマンドの主なオプション

オプション	説明
`--oneline`	各コミットを一行で表示し、簡潔な履歴確認が可能です。
`--graph`	ASCIIグラフ形式でブランチやマージの履歴を視覚化します。
`--stat`	各コミットで変更されたファイルと行数の統計情報を表示します。
`-p` `--patch`	各コミットの差分を表示し、具体的な変更内容を確認できます。
`--author="<名前>"`	特定の作成者によるコミットのみをフィルタリングして表示します。
`-n <数>`	最新のコミットから指定した数だけ表示します。
`--since=<日付>`	指定した日付以降のコミットのみを表示します。
`--until=<日付>`	指定した日付以前のコミットのみを表示します。
`--grep="<パターン>"`	コミットメッセージに指定したパターンが含まれるコミットのみを表示します。
`--abbrev-commit`	コミットIDを短縮形式で表示します。
`--decorate`	各コミットにブランチ名やタグ名を表示します。
`--all`	すべてのリファレンス（ブランチやタグ）を表示します。

第 3 章 ｜ GitHub上のソースコードを自分のPCに持ってこよう

ブランチを一覧表示する
git branch

ここでは、ローカルブランチの一覧を表示する方法について説明します。

KEYWORD ブランチ（Branch）

ブランチとは、直訳すると「枝」「支店」という意味です。プロジェクト内の複数の並行した履歴の流れを枝のように分岐させる Git の機能およびその概念をブランチと呼びます。メインの開発ラインから別の作業用のブランチを作成（枝分かれ）し、そこで新機能の開発や不具合の修正を行うことができます。

ブランチを使うことで、本番環境に影響を与えずに安全に作業を進めることができます。作業完了後に、メインのブランチにマージ(統合)することで、新しい変更を本番環境に取り込むことができます。ブランチを利用することで、複数人で同時に並行作業を行うことができ、お互いの作業に干渉することなく開発を進められます。

図3-8 git branch

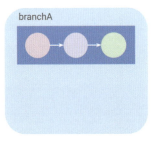
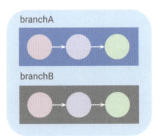

`git branch` は現在のプロジェクト内に存在する全てのブランチをリスト表示させる、現在いるブランチを確認するために行うコマンドです。

`git branch [ブランチ名]` で新たにブランチを作成することもできます。

この図は、Git の git branch コマンドの機能を説明したものです。

図の上部には、ローカルリポジトリの状態が青い枠で表現されています。実行前の状態（Before）では、branchA という 1 つのブランチのみが存在していて、実行後の状態（After）では、branchA に加えて新しく branchB が作成されたことが示されています。

```
$ git branch [オプション] [新規ブランチ名]
```

git branch コマンドは、現在のリポジトリ内のすべてのローカルブランチを一覧表示するために使用されます。このコマンドを実行することで、どんな名前のブランチが存在し、どのブランチが現在選択されているかを確認することができます。また、git branch ＜新しいブランチの名前＞と指定することで、新しいブランチを作成することもできます。

KEYWORD ローカルブランチ（Local Branch）

ローカルブランチとは、開発者のローカル環境（自分の PC）のリポジトリ上に存在するブランチのことです。リモートリポジトリには影響を与えることなく、自由に作成・削除・変更が可能です。ローカルブランチは、新機能の開発やバグ修正など、個人の作業を管理するために使用されます。作業が完了し、他の開発者と共有する準備が整った時点で、リモートリポジトリに変更を反映させて運用します。

例えば、git branch feature/new-login と入力すると、feature/new-login という名前の新しいブランチが作成されます。

```
$ git branch feature/new-login
```

また、以下のように git branch コマンドを実行すると、ローカルブランチの一覧が表示されます。

```
$ git branch
  add_directory_tree
  add_readme_detail
* main
```

この例では、3 つのブランチ（add_directory_tree、add_readme_detail、main）が存在することが分かります。アスタリスク（*）が付いている main ブランチが現在作業中のブランチであることを示しています。

このように、`git branch`コマンドを使うことで、現在のリポジトリにどのようなブランチがあり、どのブランチで作業しているのかを簡単に確認することができます。

ブランチ名には、作業内容が分かりやすく、説明的な名前をつけることが一般的です。例えば、新しいログイン機能の開発であれば`feature/new-login`、バグ修正であれば`fix/bug-123`のように、ブランチ名を見ただけでその目的が分かるように命名するとよいでしょう。

ただし、開発プロジェクトによって命名規則などが定められている場合もありますので、プロジェクト内でのルールに沿って運用する様にしましょう。

> **Note ブランチ戦略**
>
> 発展的な内容となりますが、扱うブランチに役割を持たせてブランチ名称に規則を持たせながら開発を行う戦略がGit運用の場面にあります。有名なものにGitHub Flow戦略、Git Flow戦略などが挙げられます。ここでは紹介に留めますが、所属する開発プロジェクトで触れる可能性が高いため、キーワードとして覚えておきましょう。

図3-9 GitHub Flow戦略

チーム開発で効果的にブランチを運用するためのルールやパターンのことを「ブランチ戦略」といいます。ここでは特に有名なものを掲載します。

GitHub Flow戦略

一般的なブランチ戦略の一つです。新しい機能や変更を加える際に、main（またはmaster）ブランチから新しいブランチ（feature branch）を作成し、作業を行います。

開発が完了したら、feature branchをmainブランチにマージします。小さなチームや、短い開発サイクルに適しています。

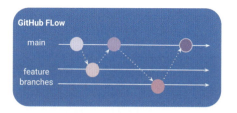

図3-10 Git Flow戦略

Git Flow 戦略

複雑なプロジェクトや、リリースサイクルが明確なプロジェクトに適したブランチ戦略です。複数の役割を持つブランチを使い分け、開発、リリース、ホットフィックスを管理します。

main (master): リリースされたコードを格納するブランチ
develop: 次期リリースに向けた開発中のコードを格納するブランチ
feature/*: 新機能や改善を開発するためのブランチ
release/*: リリース候補を準備するためのブランチ
hotfix/*: リリース済みのコードに緊急の修正を加えるためのブランチ

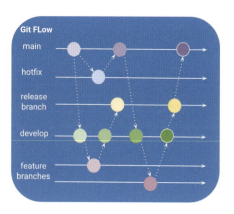

また、既にマージ済みのブランチを削除するには、`git branch -d <ブランチ名>` コマンドを使用します。例えば、`feature/new-login` ブランチを削除する場合は、`git branch -d feature/new-login` と実行します。

一方、マージされていないブランチを削除するには `git branch -D <ブランチ名>` コマンドを使用します。これは強制削除となるため、注意が必要です。-D オプションを使用する際は誤って重要なブランチを削除しないよう、十分に確認してください。

> **Caution** ローカルブランチを削除する際には、以下の点に注意してください。まず、現在のブランチは削除できません。削除する前に、`git switch <別のブランチ名>` コマンドで別のブランチに切り替える必要があります。
> 次に、削除しようとするブランチが既にマージされているか、あるいは重要な未マージの変更が含まれていないかを確認してください。削除後の復元は困難なため、慎重な操作が求められます。

● git branch コマンドの主なオプション

`git branch` コマンドには、この -d オプションを含めて以下のようなオプションがあります。

表3-3 　git branchコマンドの主なオプション

オプション	説明
-r	リモートブランチの一覧を表示します
-a	ローカルとリモートの両方のブランチを表示します
-v	各ブランチの最新のコミットとメッセージを表示します
-vv	各ブランチのトラッキング情報も含めて表示します
--merged	現在のブランチにマージ済みのブランチを表示します
--no-merged	現在のブランチにマージされていないブランチを表示します
-d <ブランチ名>	指定したブランチを削除します
-D <ブランチ名>	強制的にブランチを削除します
-m <新しいブランチ名>	現在のブランチ名を変更します
-M <新しいブランチ名>	強制的に現在のブランチ名を変更します
--sort=<key>	指定したキーでブランチをソートして表示します
--show-current	現在のブランチ名のみを表示します
--contains <コミット>	指定したコミットを含むブランチを表示します
--format=<format>	出力フォーマットを指定します

第4章

GitHub上のソースコードに変更を加えてみよう

この章では、GitHub上のソースコードに変更を加えるための基本的な操作方法を学びます。具体的には、ブランチの作成や切り替え、ファイルの編集、変更のステージングとコミット、そして変更のプッシュまでの一連の流れを説明します。

4.1	GitHub上のリポジトリに変更を加えるための環境をセットアップする	62
4.2	gitの設定をする git config	69
4.3	ブランチを切り替える git switch	71
4.4	変更をステージする git add	74
4.5	変更を取り消す git checkout	77
4.6	ファイルの状態を確認する git status	80
4.7	変更内容を確認する git diff	83
4.8	変更のコミットを追加する git commit	85
4.9	変更をプッシュする git push	87

●この章で行うことの流れ

　以下のシーケンス図は、この章で行う一連の操作を示しています。まず、GitHubとの通信に必要な公開鍵・秘密鍵のペアを生成し、GitHubに公開鍵を登録します。次に、`git switch`コマンドで作業用のブランチに切り替え、ファイルの編集を行います。編集後は`git status`コマンドで変更状態を確認し、`git diff`コマンドで具体的な変更内容を確認します。確認が完了したら、`git add`コマンドで変更をステージングエリアに追加し、`git commit`コマンドでコミットを作成します。そして最後に、`git push`コマンドを使用して変更をリモートリポジトリにプッシュ（反映）します。

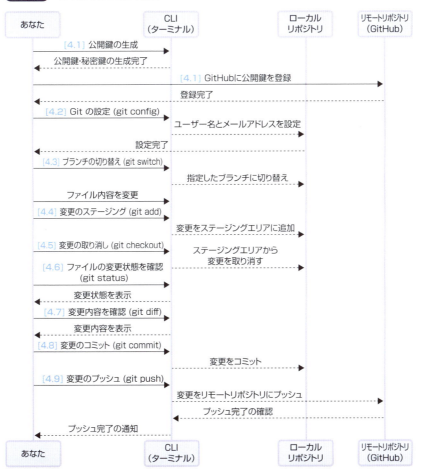

図4-1　この章で行うことの流れ

GitHub上のリポジトリに変更を加えるための環境をセットアップする

　ここでは、GitHubのリポジトリに変更を加えるために必要な環境のセットアップ方法について説明します。具体的には、GitHubとの通信に必要な公開鍵認証ができるようにするため、公開鍵・秘密鍵のペアを生成し、GitHubに公開鍵を登録する手順を説明していきます。

> **KEYWORD** 公開鍵認証とは
>
> 　公開鍵認証は、GitHubリポジトリにSSH接続するための認証方式です。パスワードを使わずに安全に接続できるようになります。
> 　公開鍵と秘密鍵の2つの鍵を作成します。公開鍵をGitHubに登録し、秘密鍵をパソコンに保存しておきます。GitHubへの接続時に、秘密鍵を使って認証を行います。
> 　公開鍵認証の設定は、WindowsとMacで手順は同じなのですが、Windowsの場合とMacの場合でやることが少し異なります。それぞれの手順を説明します。

● Windowsの場合

Windowsで公開鍵を作成する手順は以下の通りです。

コマンドプロンプト（cmd.exe）を管理者権限で起動します。
続いて、次のコマンドを実行して公開鍵と秘密鍵のペアを生成します。

```
$ ssh-keygen -t rsa -b 4096 -C "sample@sample.com"
```

> **Caution** sample@sample.com の部分はメールアドレスで、自分のGitHubアカウントに登録されているメールアドレスを指定します。

次の質問に答えます。

```
Enter a file in which to save the key:  # 鍵の保存場所を指定します
Enter passphrase:                        # パスフレーズを入力します
```

鍵の保存場所は、デフォルトの場所で構いません。デフォルトの場所を指定する場合は Enter キーを押します。

パスフレーズは空欄でも構いません。空欄とする場合は Enter キーを押します。

以上の操作で、公開鍵のファイルが %UserProfile%/.ssh/id_rsa.pub に生成されます。次のコマンドで公開鍵の内容を表示します。

```
$type %UserProfile%/.ssh/id_rsa.pub
```

GitHub のアカウント設定から「SSH and GPG keys」を選択し、「New SSH key」をクリックします。

図4-1 アカウントメニューの「Settings」を選択

図4-2 「SSH and GPG keys」を選択

図4-3 「New SSH key」ボタンをクリック

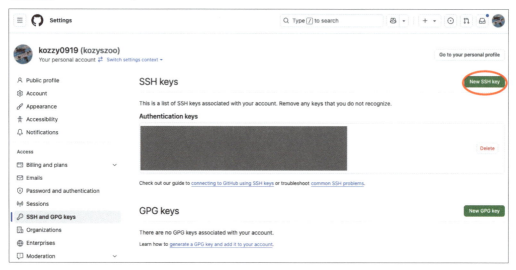

　キータイトルを入力し、先ほどコピーした公開鍵の内容を貼り付けて「Add SSH key」をクリックします。

図4-4 公開鍵を登録

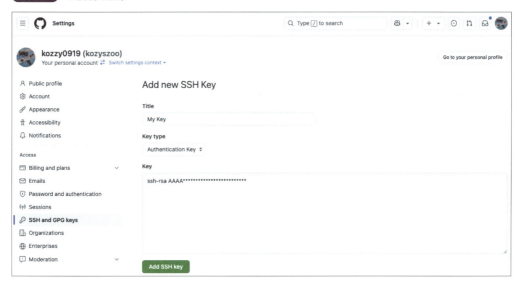

　これで公開鍵認証の設定が完了しました。今後はSSH接続でGitHubリポジトリとの通信が可能になります。

● macOSの場合

macOSで公開鍵を作成する手順は以下の通りです。

ターミナルを開きます。
次のコマンドを実行して公開鍵と秘密鍵のペアを生成します。

```
$ ssh-keygen -t rsa -b 4096 -C "sample@sample.com"
```

Caution sample@sample.com の部分はメールアドレスで、自分のGitHubアカウントに登録されているメールアドレスを指定します。

次の質問に答えます。

```
Enter a file in which to save the key:   # 鍵の保存場所を指定します
Enter passphrase:                         # パスフレーズを入力します
```

鍵の保存場所は、デフォルトの場所で構いません。デフォルトの場所を指定する場合は return キーを押します。
　パスフレーズは空欄でも構いません。空欄とする場合は return キーを押します。
　以上の操作で、公開鍵のファイルが ~/.ssh/id_rsa.pub に生成されます。次のコマンドで公開鍵の内容を表示し、中身をコピーします。

```
$ cat ~/.ssh/id_rsa.pub
ssh-rsa AAAA****************************
```

　GitHub のアカウント設定から「SSH and GPG keys」を選択し、「New SSH key」をクリックします。

図4-5　アカウントメニューの「Settings」を選択

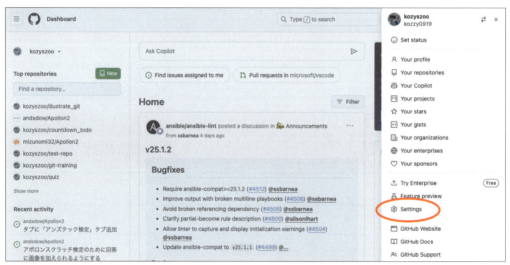

図4-6 「SSH and GPG keys」を選択

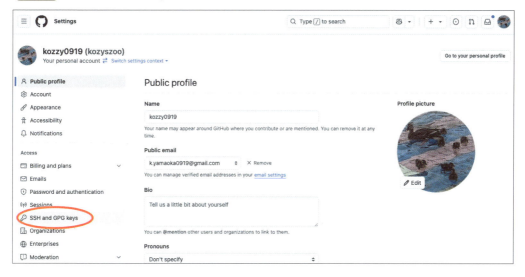

図4-7 「New SSH key」ボタンをクリック

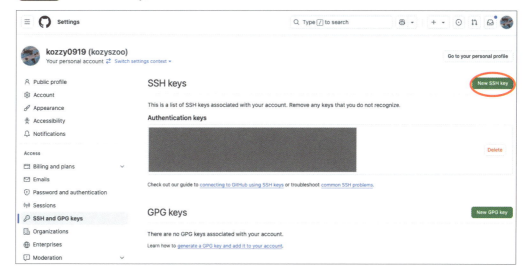

　キータイトルを入力し、先ほどコピーした公開鍵の内容を貼り付けて「Add SSH key」をクリックします。

図4-8　公開鍵を登録

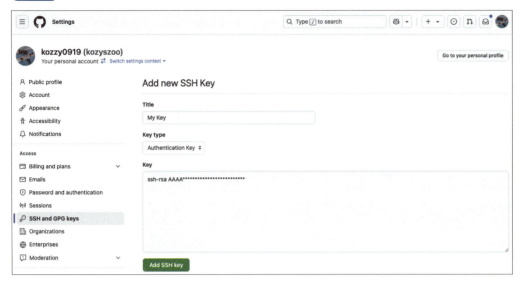

　これで公開鍵認証の設定が完了しました。今後はSSH接続でGitHubリポジトリとの通信が可能になります。

4.2 gitの設定をする
git config

　ここでは、Gitの設定を行う方法、特に次の章からこのリポジトリに変更を加えるために、Gitにユーザー名とメールアドレスを登録します。

```
$ git config --global user.name "<ユーザー名>"
$ git config --global user.email "<メールアドレス>"
```

　この操作によって、コミットログにあなたの情報が記録されるようになります。また、`--global`オプションを付けることで、すべてのGitリポジトリに適用されます。ユーザー名とメールアドレスは、各自のGitHubアカウントの情報に合わせて変更してください。

　例として、ユーザー名をsample、メールアドレスをsample@sample.comに設定する場合は、以下のように実行します。

```
$ git config --global user.name "sample"
$ git config --global user.email "sample@sample.com"
```

　この例では、GitHubアカウントで使用しているユーザー名とメールアドレスを設定しています。これにより、あなたのコミットが正しく記録され、GitHubでの活動履歴が適切に管理されます。

　設定が正しく行われたかどうかは、以下のコマンドで確認できます。

```
$ git config --global --list
init.defaultbranch=main
user.name=sample
user.email=sample@sample.com
```

　この出力は、現在のGitの設定を表示しています。

新しいリポジトリを作成する際のデフォルトブランチ名は main に設定されています。次に、コミット時に使用されるユーザー情報として、ユーザー名が sample、メールアドレスが sample@sample.com と設定されています。

● git config コマンドの主なオプション

git config コマンドには、以下のような主なオプションがあります。

表4-1　git configコマンドの主なオプション

オプション	説明
--global	設定をグローバル（全リポジトリ共通）に適用します
--local	設定を現在のリポジトリにのみ適用します
--system	システム全体の設定を変更します
--list	現在の設定一覧を表示します
--get	特定の設定値を取得します
--unset	設定を削除します
--edit	設定ファイルをエディタで開きます

> **Note** 自分のプロフィールを設定する
>
> git config はユーザー名とメールアドレス以外にも、さまざまな設定を行うことができます。例えば、エディタの設定や、Git の動作をカスタマイズするための設定が可能です。
> 以下はオプションの例です。
>
> **エディタの設定**
> Git ではコミットメッセージを入力する際にエディタを開きます。デフォルトではシステムに設定されたエディタが使われますが、git config を使って好みのエディタ（例：Visual Studio Code や Vim）を設定できます。
>
> ```
> $ git config --global core.editor "code --wait"
> ```
>
> このコマンドで、コミットメッセージを書くときに Visual Studio Code が開くように設定できます。
>
> **ログ出力の設定**
> Git のログの表示方法を変更することもできます。例えば、git log での表示をより見やすくする設定を行いたい場合、次のようにします。
>
> ```
> $ git config --global log.decorate short
> ```

第4章 ｜ GitHub上のソースコードに変更を加えてみよう

4.3
ブランチを切り替える
git switch

ここでは、既存のブランチに切り替える方法について説明します。

図4-9　git switch

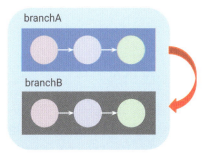
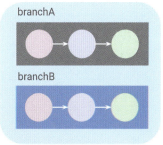

`git switch` コマンドを使用してブランチを切り替える様子を図で説明しています。
　図では、切り替え前の状態（Before）と切り替え後の状態（After）を青い枠で表現しています。切り替え前は、branchA と branchB という2つのブランチが存在し、branchA がアクティブな状態（現在の作業ブランチ）となっています。branchB はグレー表示で非アクティブとなっています。
　赤い矢印は、`git switch` コマンドによってブランチを切り替える操作を表しています。この例では、branchA から branchB への切り替えが行われます。
　切り替え後の状態では、branchB がアクティブになり青枠で表示され、逆に branchA が非アクティブとなってグレー表示に変わります。

```
$ git switch [オプション] <ブランチ名>
```

　既存の他ブランチに切り替える際は、`git switch <ブランチ名>`コマンドを使用します。このコマンドは、現在のブランチから指定したブランチに切り替えるためのものです。例えば、3章で触れた`git branch develop`でブランチを作成した後に、developブランチに切り替えるには、ターミナルで以下のように実行します。

```
$ git branch develop
$ git switch develop
```

　このコマンドを実行すると、作業ディレクトリの内容がdevelopブランチの最新の状態に更新されます。

> **KEYWORD** **develop ブランチ**
> developブランチは、開発中の機能や修正を統合するためのブランチとしてよく使用されます。mainブランチとは別に設けられ、開発者が日々の作業を行う場所として使用されます。
> 一般的に、新機能の開発や不具合の修正は、developブランチからさらに派生した作業用ブランチで行われます。その後、作業が完了したブランチの内容をdevelopブランチにマージし、十分なテストを経てからmainブランチにマージするという流れで使用されるケースが多いです。

　また、新しいブランチを作成し、すぐにそのブランチに切り替える場合には、-cオプションを使用します。例えば、`feature/new-feature`というブランチを作成する場合は、以下のように入力します。

```
$ git switch -c feature/new-login
```

> **Note** **git switch と git checkout**
> 似たような作業ブランチの変更を行うことができるコマンドに`git checkout`があります。この`git checkout`は2.23.0未満のバージョンでも使用できますが、`git switch`よりも機能が多く、複雑な操作が必要になることがあります。

表4-2　git switchとgit checkoutの違い

機能	git switch	git checkout
ブランチの切り替え	○	○
新しいブランチの作成	○	○
作業ディレクトリの変更	×	○
ファイルの状態の復元	×	○

git switchはブランチの切り替えに特化しており、従来のgit checkoutの多機能性を整理したシンプルな使い方が可能です。

● git switch コマンドの主なオプション

このコマンドで使用できるオプションをいくつかご紹介します。

表4-3　git switchコマンドの主なオプション

オプション	説明
-c --create	新しいブランチを作成して切り替え
-d --detach	操作対象を特定のコミットに直接切り替え（ブランチから切り離された状態になります）
-f --force	インデックスやワーキングツリーの変更を無視して強制的に切り替え
-t --track	上流ブランチを設定して切り替え

第4章 | GitHub上のソースコードに変更を加えてみよう

4.4
変更をステージする
git add

ここでは、Git を利用してファイルをリポジトリに追加・変更し、その状態を追跡する方法について説明します。

図4-10　git add

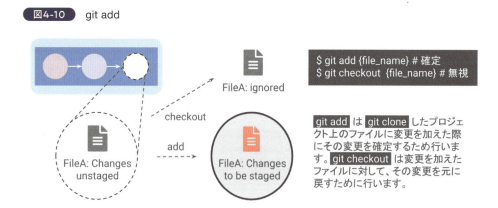

この図は、Git の `git add` コマンドの働きを説明したものです。ワークツリーで行った変更をステージングエリアに追加する流れを視覚的に表現しています。

ワークツリーでファイルを変更すると、まずそのファイルは「Changes unstaged」の状態となります。図の左側では、この状態のファイル（FileA）が灰色のアイコンで表示されています。この状態では、変更は検出されているものの、次のコミットには含まれません。

`git add` コマンドを実行すると、ファイルはステージングエリアに移動します。図の右側では、ステージングエリアに追加された後のファイル（FileA）が赤色のアイコンで表示されています。これは「Changes to be staged」の状態を示し、次のコミットに含める準備が整った状態を表しています。

図の下部には、関連するコマンドが黒い枠で囲まれて表示されています。変更をステージングエリアに追加するための `git add {file_name}` と、変更を破棄するための `git checkout {file_name}` が示されています。

74

4.4 変更をステージする　git add

　`git clone` したプロジェクトでファイルを変更した後は、`git add` で変更を確定し、変更を破棄したい場合は `git checkout` を使用するという基本的なワークフローを理解することが重要です。（`git checkout` についてはこの後説明します）

```
$ git add ［オプション］＜ファイル名＞
```

　Git で新しいファイルを追加するには、`git add ＜ファイル名＞` コマンドを使用します。これにより、ファイルは「ステージングエリア」に移され、次回のコミットに含まれる準備が整います。また、カレントディレクトリ以下のすべての変更を一括で追加したい場合には、`git add .` を使用します。

　既にリポジトリに追加されているファイルの変更を再ステージする場合、変更が加わったファイルを再度ステージングエリアに追加するには、`git add ＜ファイル名＞` を使用します。

```
$ git add index.html
```

　この例では、`index.html` というファイルをステージングエリアに追加しています。これにより、次回のコミット時にこのファイルの変更が含まれるようになります。`git add` コマンドを使用することで、特定のファイルを選択的にステージングすることができます。

> **KEYWORD** **ワークツリー（Working Tree）**
>
> ワークツリーとは、あなたが実際にファイルを編集している作業ディレクトリのことです。ここでファイルを追加、変更、削除することができます。ワークツリーの変更内容は、次のステップでインデックスに追加する必要があります。

> **KEYWORD** **インデックス（Index）/ ステージングエリア（Staging Area）**
>
> インデックス、またはステージングエリアとは、次のコミットに含めたい変更内容を一時的に保存する場所です。ワークツリーで変更したファイルは、`git add` コマンドを使ってインデックスに追加します。インデックスに追加された変更は、次に `git commit` を実行すると、リポジトリに永続的に記録されます。

● git add コマンドの主なオプション

このコマンドで使用できるオプションをいくつかご紹介します。

表4-4　git addコマンドの主なオプション

オプション	説明
`-A` `--all`	すべての変更をステージングエリアに追加
`-p` `--patch`	変更を対話的に選択してステージング
`-u` `--update`	既に追跡中のファイルの変更のみをステージング
`-f` `--force`	無視されているファイルも強制的にステージング
`-n` `--dry-run`	実際の追加は行わず、何が追加されるかを確認

4.5 変更を取り消す
git checkout

ここでは、`git checkout` について説明します。次の解説図をご覧ください。

図4-11 git checkout

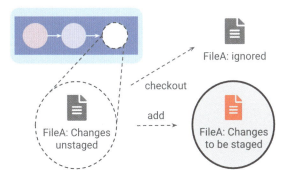

この図は、Git の `git checkout` コマンドを使ってファイルの変更を元に戻す流れを説明しています。

図の左上には、Git の履歴を表す青い枠があり、その中に最新のコミットを示す白い丸が配置されています。図の左側には「FileA: Changes unstaged」という状態が示されており、これは変更が加えられたものの、まだ `git add` されていない状態のファイル A を表しています。

`git checkout` コマンドを実行すると、この変更が破棄され、ファイルは最後にコミットされた状態に戻ります。これは図の右側の「FileA: ignored」という状態で表現されています。図の下部には、`git add` と `git checkout` の 2 つのコマンドが対比的に示されています。`git add` は変更を「確定」するためのコマンドであり、`git checkout` は変更を「無視」して元に戻すためのコマンドです。

このように、`git checkout` コマンドを使うことで、まだコミットされていないファイルの変更を簡単に破棄し、リポジトリの最新状態に戻すことができます。ただし、一度 `git checkout` で変更を破棄すると、その変更内容を復元することはできませんので、実行時には注意が必要です。

```
$ git checkout [オプション] <ファイル名>
```

git checkout コマンドは、ワークツリー内のファイルの変更をステージングエリアや直前のコミットの状態に戻すためのコマンドです。誤って変更を加えた場合や、変更を取り消したい場合に使用します。

このコマンドによって<ファイル名>に対する変更を取り消し、最後にコミットされた状態やステージングエリアの状態に戻すことができます。

例えば、index.html ファイルの変更を取り消す場合

```
$ git checkout index.html
```

このコマンドを実行すると、index.html ファイルの変更内容が取り消され、最後にコミットされた状態に戻ります。このコマンドは、ファイルの変更を取り消したい場合や、誤って変更を加えてしまった場合に便利です。

ただし、このコマンドを実行すると変更内容は完全に失われ、元に戻すことはできません。そのため、慎重に使用する必要があります。また、新規作成したファイルや、Git の管理下にないファイルには影響しません。

他の例を挙げましょう。

```
$ git checkout .
```

このコマンドを実行すると、現在のディレクトリ内のすべてのファイルの変更が破棄され、最後にコミットされた状態に戻ります。これにより、作業中の変更がすべて取り消され、ファイルは直前のコミット時点の状態になります。ただし、未追跡ファイルや新規作成したファイルは削除されませんのでご注意ください。

● git checkout コマンドの主なオプション

git checkout コマンドで使用できるオプションをいくつかご紹介します。

表4-5　git checkoutコマンドの主なオプション

オプション	説明
--	ファイル名とブランチ名を区別するための区切り文字
-b	新しいブランチを作成して切り替え
-f	作業ディレクトリの変更を強制的に破棄
-p	対話的にファイルの一部分を選択して取り消し
--hard	コミット、ステージング、作業ディレクトリの変更をすべて破棄
--merge	マージの競合を解決するためにファイルを取り消し
--ours	マージ時に現在のブランチのバージョンを選択
--theirs	マージ時に他のブランチのバージョンを選択

ファイルの状態を確認する
git status

ここでは、`git status`について説明します。次の解説図をご覧ください。

図4-12 git status

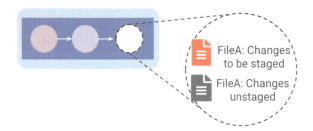

　この図は、Gitのリポジトリの状態を確認するためのコマンド`git status`の機能を示しています。

　図の中央には、ローカルリポジトリの状態が青いボックスで表現されています。ここには、過去のコミットがピンクと紫の丸で示されており、現在作業中の変更は白い点線の丸で表現しています。

　赤いファイルアイコンは、`git add`コマンドによってステージングエリアに追加され、次のコミットに含まれる予定の変更を表しています。一方、灰色のファイルアイコンは、作業ディレクトリで変更されたものの、まだステージングされていない変更を示しています。これらの状態は、点線の円で囲まれた領域内に配置されており、これは`git status`コマンドによって確認できる変更の範囲を指しています。

　このように、`git status`コマンドは、リポジトリ内のファイルの状態を把握するためのコマンドとして機能します。ステージング済みの変更と未ステージの変更を明確に区別して表示することで、コミットに含まれる変更を確認することができます。

　次に、この`git status`コマンドのフォーマットを紹介します。

```
$ git status ［オプション］
```

git statusコマンドは現在のファイルの状態を確認するために使用します。このコマンドは、ワークツリーおよびステージングエリア内のファイルの状態を表示し、ステージングエリアに追加されたファイル、変更があったが未ステージのファイル、追跡されていないファイルを把握できます。

このコマンドを実行すると、ワークツリーおよびステージングエリアにおけるファイルについて以下のような状態のものが表示されます。

・ステージングエリアに追加されたファイル
・変更があったが未ステージのファイル
・追跡されていない新しいファイル

実際に実行した際の例を見てみましょう。

```
$ git status
On branch main
Your branch is up to date with 'origin/main'.
Changes to be committed:
  (use "git restore --staged <file>..." to unstage)
        modified:   README.md
        new file:   docs/setup.md
Changes not staged for commit:
  (use "git add <file>..." to update what will be committed)
  (use "git restore <file>..." to discard changes in working directory)
        modified:   src/main.js
        modified:   src/utils.js
Untracked files:
  (use "git add <file>..." to include in what will be committed)
        .env.local
        temp/
```

この出力例から、以下のような情報を読み取ることができます。

まず、ブランチの状態が表示されています。On branch main は現在 main ブランチで作業していることを示し、Your branch is up to date with 'origin/main' はリモートリポジトリの main ブランチと同期が取れていることを表しています。

次に、「Changes to be committed（コミット待ちの変更）」として、ステージングエリアに追加済みのファイルが表示されています。この例では、README.md が修正され、docs/setup.md が新規作成されています。これらのファイルは次回のコミットに含まれる予定の変更です。

「Changes not staged for commit（ステージングされていない変更）」には、変更は加えられているものの、まだステージングエリアには追加されていないファイルが表示されます。この例では src/main.js と src/utils.js が該当します。

最後に、「Untracked files（未追跡のファイル）」として、Git での管理対象となっていない新規ファイルやディレクトリが表示されます。この例では .env.local ファイルと temp/ ディレクトリが該当します。

また、Git は各セクションで適切な次のアクションをヒントとして表示します。例えば、ステージング済みの変更を取り消したい場合は git restore --staged コマンドを使用できることなどが示されています。このように、git status コマンドは現在の作業状態を把握し、次に取るべきアクションを判断する上で非常に有用なツールとなっています。

● git status コマンドの主なオプション

git status コマンドには、以下のようなオプションがあります。

表4-6　git statusコマンドの主なオプション

オプション	説明
-s --short	出力を短縮形式で表示。変更の概要のみを簡潔に確認できる
-b --branch	現在のブランチとその追跡ブランチの関係を表示
-u --untracked-files	未追跡ファイルの表示方法を制御。no、normal、all のいずれかを指定する
--ignored	.gitignore と呼ばれる管理の対象外設定によって無視されているファイルも表示
--porcelain	スクリプトで解析しやすい形式で出力。出力フォーマットは変更されません。
-v --verbose	変更されたファイルの詳細情報を表示
--show-stash	スタッシュされた変更の数を表示
--ahead-behind	現在のブランチと追跡ブランチの差分コミット数を表示

第 4 章 ｜ GitHub上のソースコードに変更を加えてみよう

4.7 変更内容を確認する
git diff

ここでは、`git diff` について説明します。次の解説図をご覧ください。

図4-13　git diff

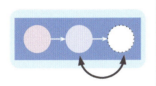

`git diff` は変更差分を確認するために行います。デフォルトでは変更中のファイル群の差分を表示します。また、`HEAD^` での直前のコミットを指定することでそれとの変更点を確認することができます。

　この図は、Git の `git diff` コマンドの動作を説明しています。青い枠で Git のコミット履歴（ブランチ）を表現しており、その中の丸印が各コミットを示しています。ピンクと紫の丸は過去のコミットを、点線の白丸は現在ワークツリー上にある、まだステージングされていない変更を表しています。

　双方向の矢印は、`git diff` コマンドによる比較操作を示しています。このコマンドは、現在の変更（白丸）と前のコミット（紫丸）の間の差分を比較します。

　`git diff` コマンドを実行すると、ワークツリー上の変更内容が、ステージングエリアまたは直前のコミットと比較されます。例えば、単純に `git diff` と実行した場合は、まだ `git add` されていない変更（ワークツリーの変更）とステージングエリアとの差分が表示されます。

```
$ git diff [オプション]
```

　`git diff` コマンドを使うと、作業ディレクトリとステージングエリア、あるいは異なるコミット間での変更点を比較し、詳細な差分を把握できます。実際に実行した際の例を見てみましょう。

```
$ git diff
diff --git a/sample.txt b/sample.txt
index 1234567..89abcdef 100644
--- a/sample.txt
+++ b/sample.txt
@@ -1,3 +1,4 @@
 これは最初の行です。
-2行目を削除します。
+2行目を変更しました。
+新しい行を追加しました。
 これは最後の行です。
```

この例では、`sample.txt` というファイルを編集した場合の実行結果となります。「2行目を削除します。」の行が「2行目を変更しました。」「新しい行を追加しました。」の2行に変更されたことを指しています。

● git diff コマンドの主なオプション

`git diff` コマンドには、以下のようなオプションがあります。

表4-7　git diffコマンドの主なオプション

オプション	説明
`--staged`	ステージングエリアとリポジトリの差分を表示します
`--cached`	`--staged` と同じ機能です
`<ファイル名>`	指定したファイルの差分のみを表示します
`--word-diff`	単語単位での差分を表示します
`--color`	差分を色付きで表示します
`--name-only`	変更があったファイル名のみを表示します
`--name-status`	ファイル名と変更の種類(追加/変更/削除)を表示します

第 4 章 ｜ GitHub上のソースコードに変更を加えてみよう

4.8

変更のコミットを追加する
git commit

ここでは Git における変更のコミット方法について説明します。

図4-14 git commit

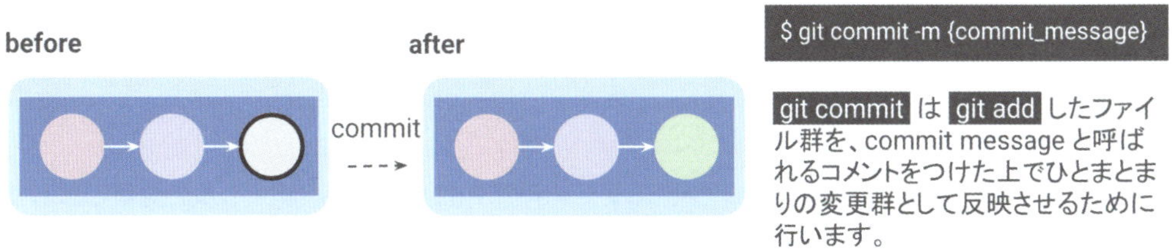

before → commit → after

```
$ git commit -m {commit_message}
```

`git commit` は `git add` したファイル群を、commit message と呼ばれるコメントをつけた上でひとまとまりの変更群として反映させるために行います。

　この図は、`git commit` コマンドの動作を説明しています。
　`git commit` コマンドは、`git add` でステージングエリアに追加された変更をリポジトリに記録する重要な操作です。図では、この一連の流れを視覚的に表現しています。
図の中央には青い枠で囲まれた Git のコミット履歴（ブランチ）があり、その中にいくつかの丸い図形が配置されています。ピンクと紫の丸は過去のコミットを表しています。白い丸（黒い縁取り）は、`git add` によってステージングされたものの、まだコミットされていない変更を示しています。そして緑の丸は、新しく作成されるコミットを表しています。
　`git commit` コマンドを実行する前の Before の状態では、ピンクと紫の過去のコミットに加えて、ステージングされた変更（白丸）が存在します。この時点では、変更はまだリポジトリの履歴には含まれていません。
　`git commit` コマンドを実行した後の After の状態では、ピンク、紫、緑の3つのコミットがリポジトリに存在することになります。ステージングされていた変更は、新しいコミット（緑丸）として Git の履歴に組み込まれたことを示しています。

```
$ git commit [オプション]
```

Gitでのコミットの方法について説明します。まず、ステージングエリアに追加された変更をリポジトリに記録するには、`git commit -m "<コミットメッセージ>"`コマンドを使用します。このとき、コミットメッセージは履歴確認の目安となるため、簡潔かつ明確に記述することが重要です。

　コミットメッセージの記述方法には、コマンドラインで-mオプションを使用して直接入力する方法と、エディタを起動してメッセージを入力する方法があります。

　また、特定のファイルのみをコミットしたい場合は、`git commit <ファイル名>`コマンドを使用することで可能です。

```
$ git commit
```

このコマンドを実行すると、コミットメッセージの入力画面に遷移するので、

```
$ git commit -m "ファイルを更新しました"
```

　このコマンドを実行すると、ステージングエリアに追加された変更が「ファイルを更新しました」というメッセージとともにコミットされます。コミットメッセージは変更内容を説明するものにすることが推奨されます。

　さらに、直前のコミットを修正したい場合には、`git commit --amend`コマンドを使用します。このコマンドを使うと、ステージングエリアに追加された変更を前回のコミットに統合することができ、メッセージの変更も可能です。ただし、新しいコミットIDが生成され、元のコミットが上書きされることに注意が必要です。

● git commit コマンドの主なオプション

　`git commit`コマンドで使用できるオプションをいくつかご紹介します。

表4-8　git commitコマンドの主なオプション

オプション	説明
-m "<メッセージ>"	コミットメッセージを指定します
-a	変更のあるファイルを自動的にステージングしてコミットします
--amend	直前のコミットを修正します
-v	変更の詳細な差分を表示してコミットします
--dry-run	実際にコミットせずに、何が起こるかを確認します
--allow-empty	空のコミットを許可します
-F <ファイル>	ファイルからコミットメッセージを読み込みます
--author	作者を指定してコミットします

第 4 章 | GitHub上のソースコードに変更を加えてみよう

変更をプッシュする
git push

ここでは、GitHub のリポジトリに自分のローカルの変更をプッシュする（反映させる）方法について説明します。次の解説図をご覧ください。

KEYWORD プッシュ（Push）

プッシュは、自分のパソコン (ローカル) にある Git リポジトリの変更内容を、GitHub 上の共有リポジトリ (リモート) に反映させる作業のことです。新しいファイルを追加したり、既存のファイルを編集したりした変更をリモートリポジトリに送信する際に、プッシュを行います。

プッシュを行うことで、自分の変更内容をチームメンバーと共有したり、別の端末でも作業を続けられるようになります。プッシュは、Git を使った共同開発の際に非常に重要な作業です。自分の変更内容をリモートリポジトリに定期的にプッシュすることで、最新の状態を維持し、他のメンバーとの競合を防ぐことができます。

図4-15 git push

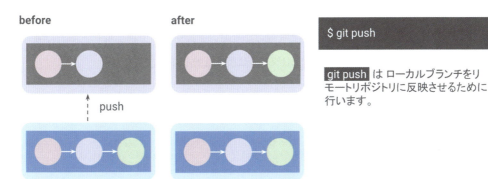

`git push` は ローカルブランチをリモートリポジトリに反映させるために行います。

この図は、Git の `git push` コマンドの動作を説明しています。ローカルリポジトリで行った変更をリモートリポジトリに反映させる仕組みを視覚的に表現しています。

下段の青い枠で囲まれた部分がローカルリポジトリ、つまり自分の PC 上のリポジトリを表しています。一方、上段のグレーの枠で囲まれた部分は、GitHub などのサーバー上にあるリモートリポジトリを示しています。

図中のピンク色の丸は初期状態のコミット、紫色の丸はローカルで追加されたコミット、緑色の丸は新たにプッシュされるコミットを表しています。

　プッシュ前の状態では、ローカルリポジトリにはピンク、紫、緑の3つのコミットが存在しているのに対し、リモートリポジトリにはピンクと紫の2つのコミットしかありません。つまり、緑のコミットはまだリモートに反映されていない状態です。

　`git push` コマンドを実行すると、ローカルリポジトリの変更内容がリモートリポジトリに送信されます。その結果、After（実行後）の状態では、ローカルとリモートの両方のリポジトリにピンク、紫、緑の3つのコミットが存在するようになります。

コマンドのフォーマットを紹介します

```
$ git push ［オプション］［リモートリポジトリの指定先］＜ブランチ名＞
```

　`git push` コマンドを使用することでリモートリポジトリにローカルの変更を反映させることができます。このコマンドを実行することで、ローカルリポジトリ内での変更がリモートリポジトリに反映され、チームメンバーと共有されます。

　変更がコミットされていれば、次に `git push` コマンドでリモートにプッシュします。

```
$ git push origin main
```

　この例では、ローカルの `main` ブランチの変更内容を、`origin` というリモートリポジトリの `main` ブランチにプッシュしています。

　`origin` は、通常 GitHub などのリモートリポジトリを指すデフォルトの名前です。`main` は作業中のブランチ名を示しています。このコマンドを実行することで、ローカルの `main` ブランチで行った変更（コミット）がリモートリポジトリに反映されます。

> **Caution** この `git push` に失敗した場合は、3章でフォークしたリポジトリをクローンできていない可能性があります。一度ディレクトリを削除して3章からやり直すか、フォークされていることを確認した上で、以下のコマンドを実行してから `git push` を試してみてください。（`git remote` はリモートリポジトリ先を管理するコマンドで、詳細は9章で説明します。）

```
$ git remote remove origin
$ git remote add origin https://github.com/自分のGitHubユーザーネーム/git-training
```

● git push コマンドの主なオプション

git pushコマンドで使用できるオプションをいくつかご紹介します。

表4-9 git pushコマンドの主なオプション

オプション	説明
-u --set-upstream	アップストリームブランチを設定し、以降のプッシュ時にブランチ名の指定を省略可能にします
-f --force	リモートの履歴を上書きして強制的にプッシュします（注意して使用）
--tags	タグ情報もプッシュします
--all	すべてのブランチをプッシュします
--delete	リモートブランチを削除します
--dry-run	実際にプッシュせずに、何が起こるかをシミュレートします
--prune	リモートで削除されたブランチの参照を削除します
-v --verbose	詳細な情報を表示します

第5章

複数の人が行った変更を 1つにまとめてみよう

　この章では、複数の人が行った変更を1つのブランチにまとめる方法を学びます。具体的には、git mergeコマンドを使ったマージの方法、マージ後の不要なブランチの削除方法、そしてリモートリポジトリへの反映方法を説明します。また、マージコンフリクトが発生した場合の対処法についても触れます。

| 5.1 | ブランチをマージする
git merge | 92 |
| 5.2 | ブランチを削除する
git branch -d | 95 |

●この章で行うことの流れ

　以下のシーケンス図は、この章で行う一連の操作を示しています。まず、`git merge`コマンドを使用して、異なるブランチの変更を統合します。マージが完了したら、`git branch -d`コマンドで不要になったブランチを削除します。最後に、`git push`コマンドでマージ結果をリモートリポジトリに反映させます。

図5-1　この章で行うことの流れ

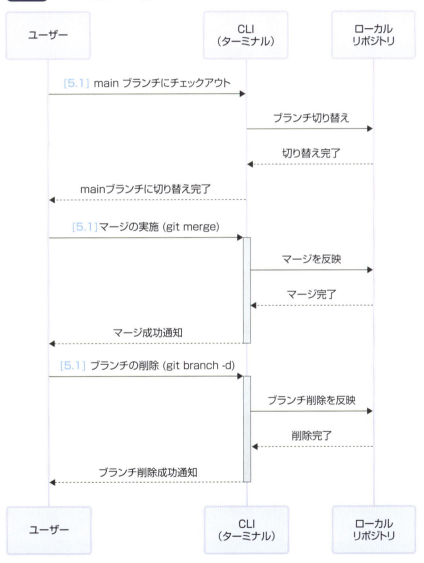

第 5 章 ｜ 複数の人が行った変更を1つにまとめてみよう

ブランチをマージする
git merge

　Git でのブランチのマージは異なる作業を統合し、開発プロセスを円滑に進めるための重要な操作です。ここでは基本的なマージ手順、マージ方法の種類、そしてマージ後の処理について解説します。

KEYWORD **マージ（Merge）**
　Git で複数のブランチの変更を一つにまとめることを「マージ」と言います。例えば、あなたが他の人と共同でアプリ開発をしていて、あなたは「機能 A」を担当し、他の人が「機能 B」を担当したとします。それぞれが自分の担当機能を完成させたら、それぞれの変更をメインのプログラムに統合する必要があります。この統合作業がマージです。
　マージによって、それぞれのブランチの変更が一つにまとめられ、一つの完成したアプリになります。マージには、いくつかの方法があり、状況に応じて使い分けます。

　`git merge` の操作については次の解説図をご覧ください。

図5-2 git mergeコマンド

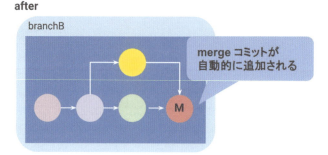

この図は、Git のマージ機能について説明しています。図では、マージ前（Before）とマージ後（After）の状態を比較して示しています。マージ前の状態では、branchA と branchB という 2 つの異なるブランチが存在します。branchA には黄色のコミット、branchB には緑のコミットというように、それぞれ別々の変更が加えられています。

マージを実行すると、branchB に branchA の変更内容が取り込まれます。具体的には、branchA の黄色のコミットが branchB に統合され、さらにマージを記録するための新しいコミット（図中の「M」）が自動的に作成されます。このマージコミットには、branchA と branchB の両方の変更履歴が記録されます。

このように、マージを使うことで複数のブランチで行われた作業を 1 つにまとめることができます。

コマンドのフォーマットを紹介します。

```
$ git merge ［オプション］ <ブランチ名>
```

このコマンドでは、指定したブランチの変更内容を現在のブランチにマージします。オプションを指定することで、マージの挙動をカスタマイズできます。

マージを実行すると、指定したブランチの変更内容が現在のブランチに統合され、必要に応じて新しいマージコミットが作成されます。マージ後は、両方のブランチの変更履歴が 1 つのブランチにまとめられた状態になります。

例えば、`feature/new-login` ブランチを main ブランチにマージする場合は、次のように実行します。

```
# カレントブランチがmainであること
$ git branch
  feature/new-login
* main
  test-branch
$ git merge feature/new-login
```

●マージ先のブランチに切り替える

まず、マージ先のブランチ（今回の場合は main ブランチ）に切り替えます。

```
$ git switch main
```

●指定したブランチのマージ

次に、マージしたいブランチを現在のブランチにマージします。

例えば、feature/new-loginブランチをmainブランチにマージする場合は、次のように実行します。

```
$ git merge feature/new-login
```

git mergeコマンドで使用できるオプションをいくつかご紹介します。

表5-1 git mergeコマンドの主なオプション

オプション	説明
--no-ff	Fast-forwardマージを無効にし、必ずマージコミットを作成します
--ff-only	Fast-forwardマージのみを許可し、それ以外の場合はマージを中止します
--squash	マージ対象のブランチの全変更を1つのコミットにまとめてマージします
--abort	コンフリクトが発生した場合にマージを中止し、マージ前の状態に戻します
-m <メッセージ>	マージコミットのメッセージを指定します
--strategy=<戦略>	マージ戦略を指定します（例：recursive、resolveなど）

●マージ方法の種類

マージの方法として以下の2種類があります。

表5-2 2種類のマージ方法

マージの方法	詳細
通常のマージ	コミット履歴をそのまま残してマージします。各コミットの履歴が保持されるため、変更履歴を詳細に追跡できます。
スカッシュマージ	複数のコミットを1つにまとめてからマージします。コミット履歴を簡潔にできるため、履歴を読みやすくすることができます。スカッシュマージを行うには、以下のコマンドを使用します。

```
$ git merge --squash <ブランチ名>
```

スカッシュマージ後、git commitコマンドでコミットメッセージを入力する必要があります。

マージが完了したら、不要になった作業ブランチを削除することをお勧めします。3章でも説明した、git branch -d <ブランチ名>コマンドを使用してマージ済みのブランチを削除しましょう。例えば、feature/new-loginブランチを削除する場合は、git branch -d feature/new-loginと実行します。

5.2 ブランチを削除する
git branch -d

　マージが完了したら、不要になった作業ブランチを削除することをお勧めします。
　Gitではローカルやリモートの不要なブランチを削除することで、プロジェクトの整理ができます。このセクションではローカルブランチとリモートブランチの削除方法、そして削除時の注意点について解説します。

●ローカルブランチの削除

　既にマージ済みのブランチを削除するには、`git branch -d <ブランチ名>`コマンドを使用します。例えば、`feature/new-login`ブランチを削除する場合は、`git branch -d feature/new-login`と実行します。
　一方、マージされていないブランチを削除するには`git branch -D <ブランチ名>`コマンドを使用します。これは強制削除となるため、注意が必要です。-Dオプションを使用する際は誤って重要なブランチを削除しないよう、十分に確認してください。

> **Caution** ローカルブランチを削除する際には、以下の点に注意してください。
> まず、現在のブランチは削除できません。削除する前に、`git switch <別のブランチ名>`コマンドで別のブランチに切り替える必要があります。
> 次に、削除しようとするブランチが既にマージされているか、あるいは重要な未マージの変更が含まれていないかを確認してください。削除後の復元は困難なため、慎重な操作が求められます。

　これらの手順を通じてGitで不要なブランチを管理し、プロジェクトを効率的に保つことができきます。

第6章

変更したソースコードに問題がないか確認してもらおう

この章では、変更したソースコードが問題ないか他の人に確認してもらうための手順を学びます。具体的にはgit pullコマンドを使用してリモートリポジトリの最新の変更を取得し、ローカル環境に反映させる方法や、プルリクエストを通じてコードレビューを依頼する方法について説明します。

6.1	変更内容を取得してすぐに反映する git pull	98
6.2	プルリクエストを作成する	100
6.3	リモートブランチの削除	107

●この章で行うことの流れ

　以下のシーケンス図では、この章で行う一連の操作を示しています。まず、`git pull` コマンドを使用してリモートリポジトリの最新変更をローカル環境に取り込みます。次に、GitHub のウェブインターフェースでプルリクエストを作成し、他のメンバーにコードレビューを依頼します。レビュー後、承認されたプルリクエストをマージし、最後に不要になったリモートブランチを削除します。

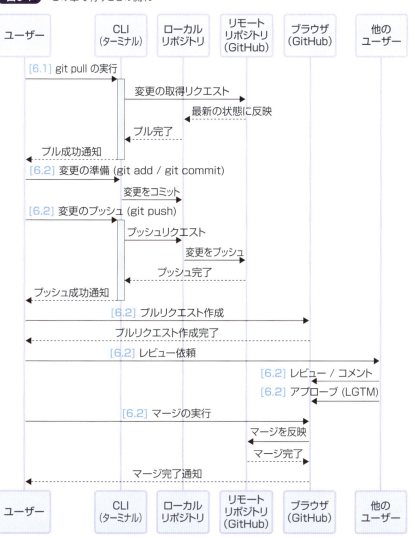

図6-1　この章で行うことの流れ

第 6 章 | 変更したソースコードに問題がないか確認してもらおう

変更内容を取得してすぐに反映する
git pull

ここでは、`git pull` コマンドについて説明します。次の解説図をご覧ください。

図6-2 git pullコマンド

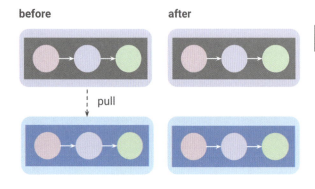

```
$ git pull  # 変更反映
```

`git pull` は clone した元に変更があった場合に、その情報を取得してその変更を作業しているワーキングツリーに取り込むために行うコマンドです。

KEYWORD プル（Pull）

プルとはリモートリポジトリにある最新の変更を自分のパソコン（ローカルリポジトリ）に取り込む操作のことです。他の人がプロジェクトに新しい機能を追加したとき、その変更を自分の環境に反映させるためにプルを行います。
プルを行うと、Git はまずリモートリポジトリから最新の情報を取得し、その後自分の作業中のブランチにその変更を適用します。これにより、チーム全員が同じ最新の状態で作業を進めることができます。

`git pull` コマンドのフォーマットを紹介します。

```
$ git pull ［オプション］ <リモート名> <ブランチ名>
```

6.1 変更内容を取得してすぐに反映する　git pull

リモートリポジトリの変更をローカルに取り込むために、`git pull` コマンドを使用します。このコマンドは `git fetch` と `git merge` の操作を同時に行い、リモートリポジトリの最新の状態をローカルリポジトリに反映させます。

```
$ git pull origin main
```

例えば、`git pull origin main` と入力すると、`origin` というリモートリポジトリの `main` ブランチから最新の変更を取得し、ローカルの `main` ブランチにマージします。

`git pull` コマンドの実行にあたっては、いくつかの重要な点に注意しましょう。このコマンドは、まず `git fetch` コマンドでリモートリポジトリから変更を取得し、次に `git merge` コマンドを使ってそれらの変更をローカルブランチにマージします。

このマージの過程でマージコンフリクトが発生する可能性があるため、`git pull` を実行する前に、ローカルで行った変更を `git commit` コマンドでコミットするか、`git stash` コマンドで一時的に退避させておくことを強く推奨します。

`git pull` コマンドは定期的に実行することで、チームの他メンバーの変更をローカルに反映し、効率的な共同作業を支援します。

●主なオプション

`git pull` コマンドで使用できるオプションをいくつかご紹介します。

表6-1　git pullの主なオプション

オプション	説明
`--ff-only`	Fast-forward マージのみを許可し、それ以外の場合はプルを中止します
`--no-ff`	Fast-forward マージを無効にし、必ずマージコミットを作成します
`--rebase`	マージの代わりに rebase を使用してローカルの変更を適用します
`-v, --verbose`	より詳細な情報を表示します
`--no-commit`	マージを実行しますが、自動コミットを行いません
`--squash`	リモートの変更を１つのコミットにまとめてマージします
`--allow-unrelated-histories`	関係のない履歴を持つブランチ間のマージを許可します
`-s, --strategy=<strategy>`	マージ戦略を指定します（例：recursive, ours など）

6.2 プルリクエストを作成する

ここでは、プルリクエストについて説明します。次の解説図をご覧ください。

図6-3 プルリクエストのワークフロー

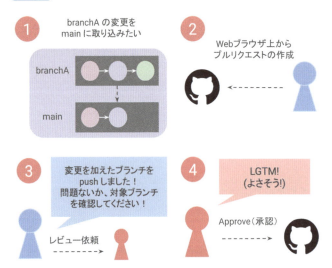

　この図は、GitHubにおけるプルリクエストのワークフローを説明しています。プルリクエストとは、あるブランチで行った変更を別のブランチに取り込む前に、その変更内容をチームメンバーにコードレビュー（変更チェック）してもらうための仕組みです。

　図では、4つの段階に分けてプルリクエストのプロセスが示されています。

　最初の段階では、開発者がbranchAというブランチで行った変更をmainブランチに取り込もうとしている状況が描かれています。branchAには、mainブランチには存在しない新しい変更（緑色のコミット）が含まれています。

　次の段階では、開発者がGitHubのWebインターフェースを使ってプルリクエストを作成します。これにより、branchAからmainブランチへの変更の取り込みを提案することができます。

　3つ目の段階では、開発者がbranchAをリモートリポジトリにプッシュし、チームメンバーにコードレビューを依頼します。この時点で、他のチームメンバーは提案された変更内容を確認することができます。

最後の段階では、レビュアーが変更内容を確認し、問題がないと判断した場合に承認を行います。承認時には「LGTM（Looks Good To Me）」という言葉がよく使われ、これはコードレビューにおいて「良さそうです」という意味を持ちます。

　このように、プルリクエストを通じて、チームメンバー間でコードレビューを行い、変更内容について議論することができます。これにより、コードの品質を保ちながら、安全に新しい変更を取り込むことが可能になります。

●変更用のブランチ作成

作業するための新規ブランチを作成します。

```
# ブランチnew_branchを作成する
$ git branch new_branch

# 作業ブランチをnew_branchに切り替える
$ git switch new_branch
```

●変更の追加とコミット

変更したファイルを追加し、コミットメッセージと共にコミットします。

```
# すべての変更を追加
$ git add .

# コミットメッセージを記述
$ git commit -m "コミットメッセージ"
```

●変更をリモートリポジトリにプッシュ

ローカルリポジトリの変更をリモートリポジトリにプッシュします。

```
# リモートリポジトリoriginのブランチnew_branchにプッシュする
$ git push origin new_branch
```

●プルリクエストの作成

　GitHubなどのリモートリポジトリで**プルリクエスト**を作成します。これは、あなたの変更をメインブランチにマージするようリクエストすることになります。プルリクエストには、変更内容の説明を記述します。

> **KEYWORD** **プルリクエスト（Pull Request）**
> 　プルリクエストは、GitHubなどのプラットフォームで使われる機能で、自分が行ったコードの変更を他の人に見てもらい、レビューや承認を求めるためのものです。例えば、あなたが新しい機能を追加したとき、その変更をチームに知らせて意見をもらうことができます。
> 　プルリクエストを作成すると、他の人はその変更内容を確認し、コメントをしたり、修正を提案したりすることができます。これにより、コードの品質を高めたり、バグを未然に防ぐことができます。
> 　プルリクエストが承認されると、その変更はメインのプロジェクトに統合されます。これにより、チーム全体で安全にプロジェクトを進めることができるのです。

　最初にブラウザでGitHubのリポジトリを開きます。

図6-4　GitHubリポジトリを開く

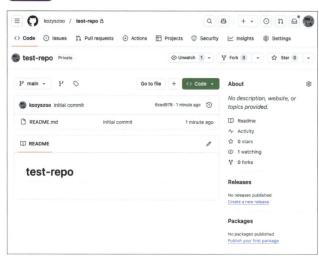

「Pull requests」タブをクリックし、「New pull request」ボタンをクリックします。

図6-5　「Pull requests」タブ内の「New pull request」ボタンをクリック

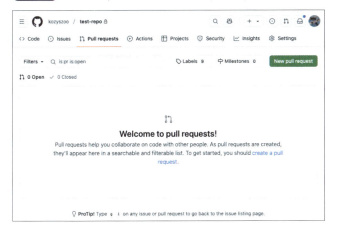

「Comparing changes」画面で、ベースブランチ（今回の場合は main）と、変更をプッシュしたブランチ（new_branch）を選択します。

図6-6　ベースブランチと、変更をプッシュしたブランチを選択

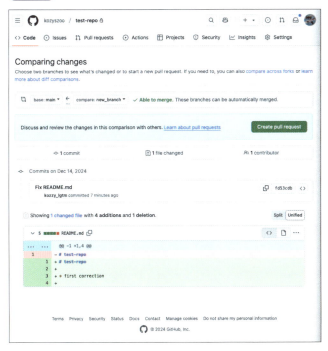

「Create pull request」ボタンをクリックしてプルリクエストの作成画面に遷移させます。

図6-7　「Create pull request」ボタンをクリック

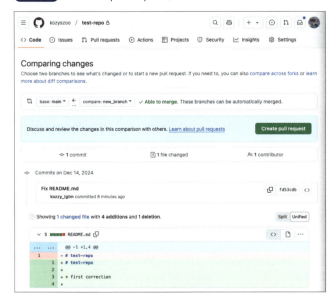

変更内容を確認し、**タイトル**（Add a title）と**説明**（Add a description）を入力します。説明にはMarkdown記法を使えます。

入力を終えたら「Create pull request」ボタンをクリックします。

図6-8　タイトルと説明を入力

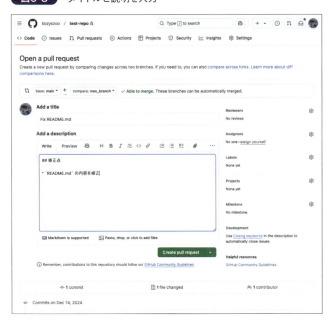

104

作成したプルリクエストが表示されます。

図6-9 作成されたプルリクエスト

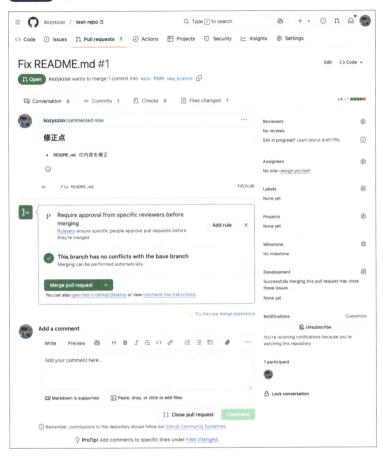

このページの URL を、変更点を確認してほしいチームメンバーに共有することで、レビューやフィードバックを得ることができます。

プルリクエストの URL は、次の形式で表されます。

```
https://github.com/<ユーザー名>/<リポジトリ名>/pull/<プルリクエスト番号>
                    ↓              ↓           ↓  ↓
https://github.com/ kozyszoo / test-repo /pull/ 1
```

上記の例では https://github.com/kozyszoo/test-repo/pull/1 がプルリクエストの URL です。この URL を共有することで、チームメンバーは変更内容を容易に確認し、コメントや提案を行えます。

●他の人にマージをしてもらう

　作成したプルリクエストをレビューしてもらい、承認されると、他のメンバーがあなたの変更をメインブランチにマージします。

　GitHubでは、ブラウザ上のプルリクエスト画面で「Merge pull request」ボタンをクリックすることでマージを実行できます。これにより、あなたの変更がプロジェクト全体のコードに反映されます。

> **Note** チーム開発において、プルリクエストによるコードレビューは非常に重要です。他の人に見てもらうことで、バグの発見やコードの改善につながり、プロジェクト全体の品質向上に貢献します。また、コードレビューを通じて、チームメンバー間の知識共有やスキル向上も期待できます。

6.3 リモートブランチの削除

　マージ後にリモートブランチを削除することで、リモートリポジトリのクリーンアップを行い、不要なブランチが蓄積されるのを防ぎます。これにより、リポジトリの管理が容易になり、履歴の追跡もシンプルになります。

　GitHub 上では、ブラウザからでもリモートブランチを削除できます。削除したいブランチのページを開き、「Delete branch」ボタンをクリックすることで削除できます。削除する前に、必ずローカルリポジトリからブランチを削除し、マージされていることを確認してください。誤って重要なブランチを削除しないよう注意しましょう。

　また、ターミナル上から `git push <リモート名> --delete <ブランチ名>` コマンドを使用することで同じことを行うことができます。例えば、origin というリモートリポジトリから feature-TestA ブランチを削除する場合は、`git push origin --delete feature-TestA` と実行します。

第7章

複数の人が行った変更の交通整理をしよう

この章では、複数の人が行った変更を効率的に統合し、コンフリクトを解決する方法について学びます。具体的には、Gitを使用してコンフリクトを検出し、解決する手順を詳しく説明します。これにより、チームメンバー間でのスムーズな共同作業を実現し、プロジェクトの進行を円滑にすることができます。

7.1	コンフリクトを解決する	110
7.2	1人でコンフリクトを起こす手順	112
7.3	コンフリクト発生の確認	114

●この章で行うことの流れ

　以下のシーケンス図は、この章で行う一連の操作を示しています。まず、複数の開発者が同じファイルに異なる変更を加え、それらの変更をマージしようとした際にコンフリクトが発生します。次に、コンフリクトの検出と解決方法を学び、最終的に解決したコンフリクトをコミットしてマージを完了させます。

図7-1 この章で行うことの流れ

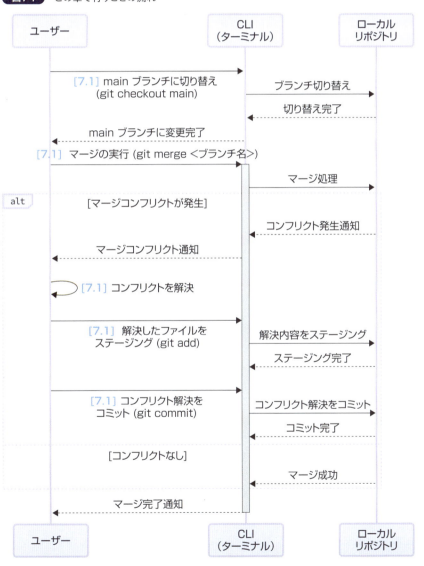

第 7 章 | 複数の人が行った変更の交通整理をしよう

コンフリクトを解決する

ここでは、Gitでのコンフリクトの発生原因と解決方法について説明します。コンフリクトは複数の開発者が同じファイルの同じ箇所を異なる内容に変更した際に発生する問題です。この問題を適切に解決することで、チームでの開発をスムーズに進めることができます。

KEYWORD　コンフリクト（Conflict）
コンフリクトは「衝突」という意味で、同じファイルの同じ部分を異なる内容に変更した場合に発生する問題です。Gitでは、コンフリクトが発生すると、どの部分が問題になっているかを教えてくれます。これを解決するためには、どちらの変更を残すか、または新しい内容を考えて書き直す必要があります。

次の解説図をご覧ください。

図7-2　マージコンフリクトの発生と解決の流れ

ブランチのマージ時に同じファイルの同じ部分が異なるブランチで変更されている場合、コンフリクトが発生します。コンフリクト解決後、解決したファイルをステージに追加し、コミットします。

テキストエディタでコンフリクトの発生しているファイルを開くと、「コンフリクトマーカー」`<<<<<<<`, `=======`, `>>>>>>>`）が表示されている部分が見つかります。この部分を意図した状態になるように適宜修正します。

修正が完了したファイルを `git add <ファイル名>` コマンドでステージングします。これにより、Gitにコンフリクトが解消されたことを通知します。

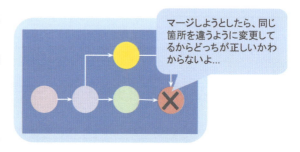

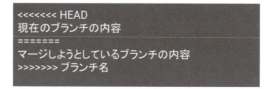

この図は、Gitにおけるマージコンフリクトの発生と解決の流れを説明したものです。

マージコンフリクトは、異なるブランチで同じファイルの同じ部分が変更されている場合に発生します。図では、branchAから派生した黄色のコミットと、マージを実行しようとした際にコンフリクトが発生した箇所が赤い×印で示されています。

コンフリクトが発生すると、テキストエディタでファイルを開いたときに「コンフリクトマーカー」と呼ばれる特殊な記号が表示されます。これらのマーカーは以下のような形式で表示されます。

表7-1　コンフリクトマーカー

コンフリクトマーカー	意味
<<<<<<< HEAD	現在のブランチ（HEAD）の内容の開始位置
=======	現在のブランチとマージしようとしているブランチの内容の区切り
>>>>>>> ブランチ名	マージしようとしているブランチの内容の終了位置

コンフリクトを解決するには、これらのマーカーで囲まれた部分を適切に編集する必要があります。どちらの変更を採用するか、あるいは両方の変更を組み合わせるかは、状況に応じて判断します。

コンフリクトの解決が完了したら、変更したファイルを `git add <ファイル名>` コマンドでステージングエリアに追加します。これにより、Gitにコンフリクトが解決されたことを通知します。その後、`git commit` コマンドを実行してコンフリクトの解決をコミットします。

このように、コンフリクトは複数の開発者が同じコードを異なる方法で変更した際に発生する一般的な問題ですが、Gitの提供する機能を使うことで適切に解決することができます。

7.2 1人でコンフリクトを起こす手順

　ここでは、コンフリクトをわざと起こし、解決する流れを説明します。コンフリクト解決の詳細については 7.3 節をご覧ください。

●新しいブランチを作成する

　まず、新しいブランチを作成します。`git switch -C <新しいブランチ名>` で新しいブランチを作成し、即座に移動することができます。

```
$ git switch -C feature-conflict
```

●ファイルに変更を加える

編集したいファイルを開き、内容を変更します。
例えば、`test.txt` ファイルに「新しい行を追加します」といった具体的な変更を加えます。

●変更をコミットする

変更をステージングし、コミットします。

```
$ git add test.txt
$ git commit -m "変更をコミット"
```

●main ブランチを切り替える

main ブランチに切り替えます。

```
$ git switch main
```

●同じファイルの同じ箇所を変更する

test.txt ファイルを開き、先ほどとは異なる編集を加えます。

●変更をコミットする

変更をステージングし、コミットします。

```
$ git add test.txt
$ git commit -m "mainブランチに変更"
```

● feature ブランチをマージする

feature ブランチを main ブランチにマージしようとします。この時点でコンフリクトが発生します。

```
$ git merge feature-conflict
```

●コンフリクトを解決する

コンフリクトを確認し、テキストエディタでコンフリクトマーカーを解決します。その後、コミットします。

```
$ git status
$ git add test.txt
$ git commit -m "コンフリクト解決"
```

> **Note** コンフリクトを解決する手順の詳細は、次の 7.3 節で改めて説明します。

7.3 コンフリクト発生の確認

●コンフリクトの発生箇所を特定する

`git status` コマンドを使うと、どのファイルにコンフリクトが発生しているかを特定できます。また、`git diff` コマンドを使うと、ファイル内でコンフリクトが生じている箇所を特定できます。

●コンフリクト発生箇所の確認と修正

テキストエディタでコンフリクトの発生しているファイルを開くと、次のような**コンフリクトマーカー**が表示されている部分が見つかります。この部分を参考にしながら、正しいコードに修正し、コンフリクトマーカー（<<<<<<<、=======、>>>>>>>）をエディタ上で削除します。

```
<<<<<<< HEAD
現在のブランチの内容
=======
マージしようとしているブランチの内容
>>>>>>> ブランチ名
```

●修正内容のステージング

修正が完了したファイルを、`git add` コマンドでステージングします。これにより、Git にコンフリクトが解消されたことを通知します。

```
$ git add <ファイル名>
```

●修正内容のコミット

最後に`git commit`コマンドでコミットし、マージを完了させます。

```
$ git commit -m "Merge conflict resolved"
```

●片方の変更のみを採用する場合

　コンフリクトが生じている箇所で、マージする2つのブランチのうち、どちらか一方の変更のみを採用したい場合は、次のコマンドが使えます。

・現在のブランチの変更を採用する場合

```
$ git checkout --ours <ファイル名>
```

・マージ対象のブランチの変更を採用する場合

```
$ git checkout --theirs <ファイル名>
```

　その後、`git add`コマンドでステージングし、`git commit`コマンドでコミットします。

> **Note** **ビジュアルツールを利用したコンフリクト解決**
>
> 　`git mergetool`コマンドを使用すると、ビジュアルマージツール（例：vimdiffなど）を指定してコンフリクトを解決できるようになります。ビジュアルマージツールは、図7-3のようにコンフリクトの状況を分かりやすく表示してくれます。
>
> **図7-3** ビジュアルツールによるコンフリクト解決の様子
>
>

　また、GitHubなどのリモートリポジトリのウェブインターフェースからも簡単なコンフリクトは解決可能です。

第8章

間違えてしまった変更を取り消そう

この章では、Gitを使用して誤って行った変更を取り消す方法について学びます。具体的には、git revertを用いたコミットの取り消し方や、git reset --hardを使用して強制的にコミットを削除する方法を解説します。これにより、誤った変更を取り消すスキルを身につけることができます。

8.1 変更をなかったことにする　　　118
　　git reset

8.2 コミットを取り消す　　　121
　　git revert

●この章で行うことの流れ

　以下のシーケンス図は、この章で行う一連の操作を示しています。まず、git resetコマンドを使用して、コミットを取り消す方法を学びます。次に、git revertコマンドを使って、コミットの変更を打ち消す新しいコミットを作成する方法を実践します。これらの操作により、誤った変更を取り消す方法を習得します。

図8-1　この章で行うことの流れ

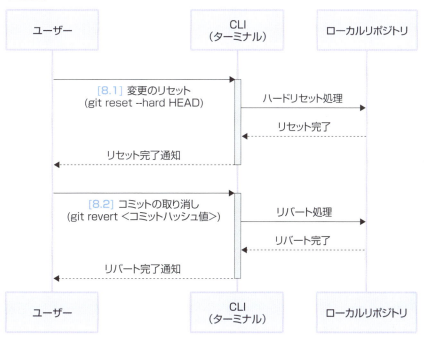

変更をなかったことにする
git reset

ここでは、git reset について説明します。次の解説図をご覧ください。

図8-2 git reset

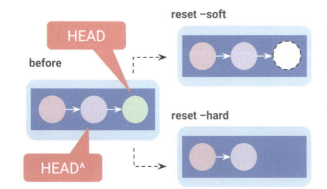

この図は、Git の git reset コマンドの動作を説明したものです。git reset コマンドは、コミット履歴を過去の状態に戻すために使用されます。特に、--soft オプションと --hard オプションの違いに焦点を当てて説明していきます。

図の左側には、現在の状態（Before）が示されています。ここには３つのコミット（ピンク、紫、緑）があり、HEAD は最新のコミット(緑)を指しています。また、HEAD^ は１つ前のコミット（紫）を指しています。

図の中央には、git reset --soft コマンドを実行した後の状態が示されています。このコマンドを実行すると、以下のような変化が起きます。

・コミット履歴から緑のコミットが削除されます
・HEAD が紫のコミットを指すようになります
・緑のコミットで行われた変更は、ステージングされた状態（点線で表示）で保持されます

このように、git resetコマンドは、コミット履歴を巻き戻す際に、変更内容をどのように扱うかをオプションで制御することができます。--softオプションを使用すると変更内容を保持したまま履歴を巻き戻すことができ、--hardオプションを使用すると変更内容も含めて完全に過去の状態に戻すことができます。

KEYWORD HEAD

GitのコミットにおいてHEADというものがあります。HEADとは、現在作業中のブランチの最新のコミットを指す参照のことを指します。つまり、HEADは自分が今いるブランチの最新の状態を表しています。

図8-3　HEADとHEAD^

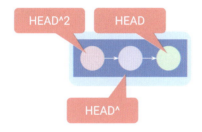

HEADは、ブランチを切り替えたり、新しいコミットを作成したりすると自動的に移動します。例えば、新しいコミットを作成すると、HEADはそのコミットを指すようになります。git switchコマンドを使ってブランチを切り替えると、HEADが移動してそのブランチの最新のコミットを指すようになります。

また、HEAD^という表記は、HEADの1つ前のコミットを指し、^の後に数字をつけることで、その数だけ前のコミットを指すことができます。例えば、HEAD^2は、HEADの2つ前のコミットを指します。

● コマンドの書式

コマンドのフォーマットを紹介します

```
$ git reset [オプション] HEAD <ファイル名>
```

git resetコマンドは、Gitでファイルの変更を取り消し、ステージングエリアやワークツリーを直前のコミット状態に戻します。

```
$ git reset HEAD index.html
```

この例では、`index.html` ファイルのステージング状態を解除しています。なお、HEAD を指定することで、現在のブランチの最新のコミットの状態を基準にリセットが行われます。

```
$ git reset --hard HEAD index.html
```

　この例では、`--hard` オプションを使用して、ワークツリーとステージングエリアの両方の変更を完全に破棄し、最後のコミット（HEAD）の状態に戻しています。このコマンドを実行すると、コミットされていない変更はすべて失われ、復元することはできません。

> **Caution** `git reset --hard` は変更内容を完全に破棄し、復元できなくなるため、使用には十分な注意が必要です。また、リモートにプッシュ済みのコミットの取り消しには影響があるため、慎重に操作してください。

●コマンドのオプション

`git reset` で使用できるオプションをいくつかご紹介します。

表8-1　git resetコマンドの主なオプション

オプション	説明
--soft	コミットを取り消し、変更内容をステージングエリアに残します
--mixed	コミットとステージングを取り消し、変更内容をワークツリーに残します（デフォルト）
--hard	コミット、ステージング、ワークツリーの変更をすべて取り消します
--merge	マージの取り消しを行います
--keep	ワークツリーの競合するファイルを保持したままリセットします
--patch	対話的にリセットするハンクを選択できます

8.2

コミットを取り消す
git revert

ここでは、`git revert`について説明します。次の解説図をご覧ください。

図8-4 git revert

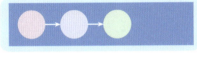

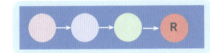

`git revert`は過去のコミットで行なった変更内容を元に戻す（打ち消す）ためのコミットを追加するために行います。

`git reset`では「無かったこと」にするのに対して`git revert`では「こんな誤りがあった」というログを残す目的などで利用されます

　`git revert`コマンドは、過去のコミットで行われた変更を打ち消すための新しいコミットを作成する機能です。
　図では、この動作をBeforeとAfterの2つの状態で表現しています。
　Beforeの状態では、ピンク、紫、緑の3つのコミットが時系列順に並んでいます。これは通常の開発過程で作成された変更履歴を表しています。
　`git revert`コマンドを実行すると、Afterの状態のように、新しいリバートコミット（図中では「R」）が履歴に追加されます。このリバートコミットは、指定したコミットの変更内容を打ち消す効果を持ちます。
　例えば、あるコミットで機能を追加した場合、そのリバートコミットではその機能を削除する変更が行われます。このように、`git revert`は変更を「無かったことにする」のではなく、「変更を打ち消す」という新しい履歴を残します。
　これは特にチーム開発において重要で、他の開発者に対して「このコミットの変更は誤りだったため打ち消しました」という情報を明確に伝えることができます。また、リモートリポジトリにプッシュ済みの変更を安全に取り消すためにも、`git revert`は適しています。

KEYWORD　リバート（Revert）

リバートとは、Git で行った変更を取り消すための方法の一つです。例えば、間違えてファイルを変更してしまった場合、その変更を元に戻したいときに使います。リバートを行うと、元の変更を打ち消す新しい変更が追加されます。これにより、変更履歴を残しつつ、誤った変更を取り消すことができます。リバートは、特に他の人と共同で作業しているときに便利です。なぜなら、変更履歴が残るため、誰がどのような変更を行ったのかを後から確認できるからです。

●コマンドの書式

コマンドのフォーマットを紹介します

```
$ git revert
```

　git revert コマンドは、指定したコミットの変更を打ち消す新しいコミットを作成するコマンドです。元のコミットは削除されず、変更内容のみを取り消すため、特にプッシュ済みの変更を安全に打ち消したい場合に有効です。
　実行例を見てみましょう。
　まずは git log コマンドを使用して、取り消したいコミットのコミット ID を確認します。コミット ID は、各コミットの 1 行目に表示される 40 文字の 16 進数の文字列（ハッシュ値）です。通常は、最初の 7 文字程度を指定すれば十分です。

```
$ git log
commit 1a2b3c4d5e6f7g8h9i0j (HEAD -> main)
Author: Taro Yamada <taro@example.com>
Date:   Mon Jan 1 12:00:00 2024 +0900

    新機能を追加

commit 9i8h7g6f5e4d3c2b1a0
Author: Taro Yamada <taro@example.com>
Date:   Sun Dec 31 15:30:00 2023 +0900

    バグ修正を実施
```

　次に、取得したコミット ID を指定した上で git revert コマンドを実行して、指定したコミットの変更を打ち消します。

```
$ git revert 1a2b3c4d5e6f7g8h9i0j
[main 2d4e5f6] Revert "新機能を追加"
 1 file changed, 10 deletions(-), 0 insertions(+)
```

指定したコミットを打ち消すには、そのコミットのハッシュ値を指定して`git revert`を実行します。これにより、元のコミットと逆の内容の新しいコミットが作成され、履歴に追加されます。

また、直近のコミットを打ち消すには、HEADを指定します。

```
$ git revert HEAD
[main 2d4e5f6] Revert "新機能を追加"
 1 file changed, 10 deletions(-), 0 insertions(+)
```

●コマンドのオプション

`git revert`コマンドで使用できるオプションをいくつかご紹介します。

表8-2 　git revertの主なオプション

オプション	説明
--no-commit	リバートの変更をコミットせずにステージングエリアに追加します
--continue	コンフリクト解決後にリバートを続行します
--abort	リバート操作を中止し、元の状態に戻します
-n --no-edit	デフォルトのコミットメッセージを使用し、エディタを開きません
-m --mainline	マージコミットをリバートする際に、どの親を主系統とするかを指定します
--strategy=\<strategy\>	マージ戦略を指定してリバートを実行します

第9章

新しいソースコードをGitHubで管理できるようにしよう

この章では、新しいソースコードをGitHubで管理するための手順を説明します。具体的には、git initコマンドを使った新しいGitリポジトリの作成方法、git remoteコマンドを使ったリモートリポジトリの管理方法、そしてGitHubとの連携方法について解説します。ローカルリポジトリの作成からリモートリポジトリとの接続、そしてGitHub上でのプロジェクト公開までを網羅し、GitHubを使ったバージョン管理を始めるための基礎を習得できます。

| 9.1 | 新しくGitリポジトリを作成する
git init | 126 |
| 9.2 | リモートリポジトリを管理する
git remote | 128 |

●この章で行うことの流れ

以下のシーケンス図は、この章で行う一連の操作を示しています。まず、`git init` コマンドで新しい Git リポジトリを作成します。次に、GitHub でリモートリポジトリを作成し、`git remote add` コマンドでローカルリポジトリとリモートリポジトリを関連付けます。その後、ファイルを追加・編集し、`git add` と `git commit` でローカルに変更を記録します。最後に、`git push` コマンドで変更をリモートリポジトリに反映させます。

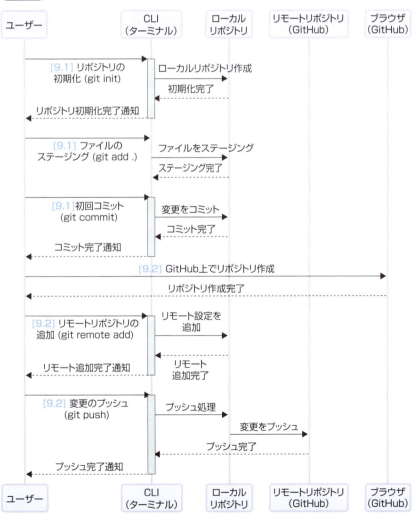

図9-1 この章で行うことの流れ

新しくGitリポジトリを作成する
git init

ここでは、`git init`について説明します。`git init`コマンドは、現在のディレクトリに新しいGitリポジトリを作成します。これは、Gitを使用してプロジェクトのバージョン管理します。まずは、コマンドのフォーマットを紹介します。

```
$ git init [オプション]
```

このコマンドを実行すると、現在のディレクトリに`.git`という隠しディレクトリが作成されます。このディレクトリには、Gitリポジトリに必要なすべてのファイルとメタデータが格納されます。

● git init コマンドの主なオプション

`git init`コマンドで使用できるオプションをいくつか紹介します。

表9-1　git initコマンドの主なオプション

オプション	説明
--bare	作業ディレクトリなしの「ベア（空）」リポジトリを作成します。主にサーバー上での共有リポジトリに使用されます
--template=<テンプレートディレクトリ>	指定したテンプレートディレクトリからファイルをコピーして初期化します
--separate-git-dir=<gitディレクトリ>	`.git`ディレクトリを別の場所に作成します作業ディレクトリには、その場所へのシンボリックリンクが作成されます
--quiet	コマンド成功時にメッセージが表示されなくなります
--initial-branch=<ブランチ名>	初期ブランチの名前を指定します（デフォルトは通常「master」または「main」）

●既にファイルが存在する場合

プロジェクトディレクトリに既にファイルが存在する場合でも、`git init`を実行できます。この場合、Gitは既存のファイルを追跡する準備を始めます。ただし、これらのファイルは、`git add`コマンドを使用してステージングエリアに追加するまで、リポジトリにコミットされません。

●初期化後の手順

`git init`コマンドを実行した後、次の手順を実行してみましょう。

1. **ファイルの追加**：`git add`コマンドを使用して、追跡したいファイルをステージングエリアに追加します。
2. **コミット**：`git commit`コマンドを使用して、ステージングエリアの変更をリポジトリにコミットします。
3. **リモートリポジトリの設定**：`git remote add`コマンドを使用して、リモートリポジトリを設定します。これにより、ローカルリポジトリとリモートリポジトリの間でコードを共有できます。

`git init`コマンドは、Gitを使用したバージョン管理の最初の重要なステップです。このコマンドを正しく理解し、使用することで、プロジェクトの開発を効率的に進めることができます。また、`git remote`コマンドの使い方は次の章で説明します。

第9章 | 新しいソースコードをGitHubで管理できるようにしよう

9.2 リモートリポジトリを管理する
git remote

　ここでは、`git remote` について説明します。次の解説図をご覧ください。

図9-2 　git remote（変更反映先の確認、追加を行う）

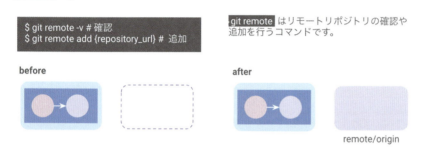

`git remote` はリモートリポジトリの確認や追加を行うコマンドです。

　この図は、Gitの `git remote` コマンドの動作を説明しています。`git remote` コマンドは、リモートリポジトリの確認や追加を行うためのコマンドです。図では、左側の青い枠がローカルリポジトリを、右側の淡い紫色の枠がリモートリポジトリを表しています。

　Before の状態では、ローカルリポジトリは初期化されているものの、まだリモートリポジトリとの関連付けがありません。この状態から、`git remote add` コマンドを使ってリモートリポジトリを追加します。

　`git remote add` コマンドを実行すると、指定したURLのリモートリポジトリが「origin」という名前で登録されます。これにより、After の状態のように、ローカルリポジトリからリモートリポジトリを参照できるようになります。

　登録されたリモートリポジトリは、`git remote -v` コマンドで確認できます。このコマンドを実行すると、登録されているリモートリポジトリの一覧とそのURLが表示されます。

9.2 リモートリポジトリを管理する　git remote

●コマンドの書式

コマンドのフォーマットを紹介します。

```
$ git remote ［オプション］［サブコマンド］［<リモート名>］［<リポジトリURL>］
```

git remoteコマンドを使用すると、リモートリポジトリの確認・追加・削除・表示・名前変更が簡単に行えます。

```
# リモートリポジトリの一覧
$ git remote -v

# リモートリポジトリの追加
$ git remote add <リモート名> <リポジトリURL>

# リモートリポジトリの削除
$ git remote remove <リモート名>

# リモートリポジトリの名前変更
$ git remote rename <旧リモート名> <新リモート名>

# リモートリポジトリのURL変更
$ git remote set-url <リモート名> <新しいリポジトリURL>
```

それぞれ実際に実行した例をみてみましょう。

```
# 1. リモートリポジトリの一覧
$ git remote -v
origin    https://github.com/user/project.git (fetch)
origin    https://github.com/user/project.git (push)
upstream  https://github.com/original/project.git (fetch)
upstream  https://github.com/original/project.git (push)

# 2. リモートリポジトリの追加
$ git remote add staging https://github.com/user/staging-repo.git
$ git remote -v
origin    https://github.com/user/project.git (fetch)
origin    https://github.com/user/project.git (push)
staging   https://github.com/user/staging-repo.git (fetch)
staging   https://github.com/user/staging-repo.git (push)
```

```
# 3. リモートリポジトリの削除
$ git remote remove staging
$ git remote -v
origin   https://github.com/user/project.git (fetch)
origin   https://github.com/user/project.git (push)

# 4. リモートリポジトリの名前変更
$ git remote rename origin primary
$ git remote -v
primary  https://github.com/user/project.git (fetch)
primary  https://github.com/user/project.git (push)

# 5. リモートリポジトリのURL変更
$ git remote set-url primary https://github.com/newuser/project.git
$ git remote -v
primary  https://github.com/newuser/project.git (fetch)
primary  https://github.com/newuser/project.git (push)
```

上記の例では、以下のような操作を行っています。

1. `git remote -v` コマンドで、現在設定されているリモートリポジトリの一覧を表示しています。この例では、origin と upstream という 2 つのリモートリポジトリが設定されています。
2. `git remote add` コマンドを使用して、新しいリモートリポジトリ staging を追加しています。追加後に `git remote -v` で確認すると、origin と staging の 2 つのリモートリポジトリが表示されます。
3. `git remote remove` コマンドで、先ほど追加した staging リモートリポジトリを削除しています。削除後の確認で、origin のみが残っていることがわかります。
4. `git remote rename` コマンドを使用して、origin という名前のリモートリポジトリを primary に変更しています。
5. `git remote set-url` コマンドで、primary リモートリポジトリの URL を新しい URL に変更しています。これは、リポジトリの所有者が変更された場合などに使用します。

　これらの操作によりリモートリポジトリを管理でき、プロジェクトの変更に応じて適切に設定を更新することができます。
　`git remote` の設定をした後に、`git push` や `git pull` などのコマンドを使って、ローカルリポジトリとリモートリポジトリの間で変更を同期できるようになります。

git remote コマンドの主なオプション

git remote コマンドで使用できるオプションをいくつか紹介します。

表9-2 git remoteコマンドの主なオプション

オプション	説明
-v --verbose	リモートリポジトリの名前と URL を表示します
-n --no-tags	タグの自動取得を無効にします
-f --force	強制的に操作を実行します
--tags	すべてのタグとそれに関連するオブジェクトを取得します
--prune	リモートで削除されたブランチの参照を削除します
--mirror	ミラーリポジトリとして設定します
-t --track	リモートブランチを追跡するローカルブランチを作成します

COLUMN

リポジトリ管理の便利ツール一覧

ここでは、Git リポジトリの管理をより効率的に行うための便利なツールやユーティリティについて解説していきます。これらのツールを活用することで、複数のリポジトリを整理し、素早くアクセスできるようになり、開発ワークフローを大幅に改善することができます。

表9-3 リポジトリ管理の便利ツール

ツール名	説明	主な機能	
hub	GitHub のコマンドラインツール	・リポジトリ作成 / クローン ・イシュー管理	・PR の作成 / 管理 ・リリース作成
ghq	リポジトリ管理ツール	・リポジトリの一元管理 ・パス管理の自動化	・ローカルクローン
peco	インタラクティブフィルタリングツール	・コマンド履歴検索 ・リポジトリ検索	・ファイル検索

● **hub（https://hub.github.com/）**

hub は GitHub のコマンドラインツールで、git コマンドを拡張して GitHub の機能をターミナルから利用できるようにします。主に以下のような機能が利用できます。

・リポジトリの作成やクローン
・プルリクエストの作成や管理

- イシューの作成や閲覧
- リリースの作成

hub を使用することで、GitHub の操作をコマンドラインから効率的に行えます。

● ghq（https://github.com/motemen/ghq）

ghq は Git リポジトリを管理するツールで、以下の特徴があります。

- リポジトリを一定の規則に従って自動的に整できる
- `ghq get` コマンドを使用して、GitHub などからリポジトリを簡単にクローンできる
- 複数のリポジトリを一元管理することができる

● peco（https://github.com/peco/peco）

peco は対話的なフィルタリングツールで、以下の機能を提供します。

- 標準入力から受け取ったデータに対してあいまい検索を行う
- 検索結果から項目を選択し、標準出力に出力する

● ghq と peco の連携

ghq と peco を組み合わせることで、以下のような便利な操作が可能になります。

- **リポジトリの迅速な移動**：`ghq list` コマンドの出力を peco に渡すことで、リポジトリ名を検索し、選択したリポジトリに即座に移動できます。
- **プロジェクト管理の効率化**：多数のリポジトリを扱う場合でも、簡単に目的のリポジトリにアクセスできます。
- **コマンドラインの生産性向上**：リポジトリの切り替えやコマンド履歴の検索など、様々な場面で peco を活用できます。

　ghq と peco を組み合わせることで、開発効率を大きく向上させることができます。例えば、`ghq list` コマンドの出力を peco に渡すことで、リポジトリ名を検索し、選択したリポジトリに即座に移動できるようになります。これにより、多数のリポジトリを扱う場合でも、目的のリポジトリに素早くアクセスすることが可能です。

　また、peco はリポジトリの切り替えだけでなく、コマンド履歴の検索など、様々な場面で活用できます。コマンドラインでの作業効率を向上させる強力なツールとして、多くの開発者に利用されています。

第10章

Gitでできること解説

この章では、git fetch、git cherry-pick、git rebase といった覚えておくべきコマンドを紹介します。git fetch はリモート変更を取得、git pull とは異なりローカルには マージしません。git cherry-pick は特定コミットを別のブ ランチに適用し、バグ修正などに役立ちます。git rebase はコミット履歴を整理します。これらのコマンドを習得し、 状況に応じた適切なGit操作を身につけましょう。

10.1	変更内容を取得する git fetch	134
10.2	特定のコミットを適用する git cherry-pick	138
10.3	コミット履歴を整理する git rebase	141
10.4	作業中の変更を一時的に保存する git stash	145
10.5	特定の時点にタグをつける git tag	149
10.6	gitで管理しないファイルを指定する .gitignoreファイル	153
10.7	他のGitリポジトリを参照する submodule	157

第 10 章 | Gitでできること解説

変更内容を取得する
git fetch

ここでは、`git fetch`について説明します。次の解説図をご覧ください。

 git fetch

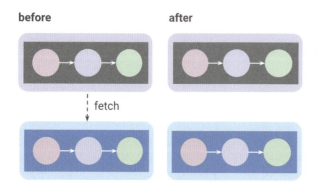

この図は、Gitの`git fetch`コマンドの動作を説明しています。

`git fetch`コマンドは、リモートリポジトリの最新の状態をローカルリポジトリに取得するためのコマンドです。図では、上段のグレーの枠がリモートリポジトリを、下段の青い枠がローカルリポジトリを表しています。

Beforeの状態では、ローカルリポジトリとリモートリポジトリのコミット履歴が一致しています（ピンク、紫、緑のコミット）。この状態から、リモートリポジトリに新しいコミットが追加されたとします。

`git fetch`コマンドを実行すると、リモートリポジトリの最新の状態（コミット履歴）がローカルリポジトリにダウンロードされます。ただし、重要な点として、この操作はローカルリポジトリのワーキングツリーやブランチには影響を与えません。取得した情報は、ローカルの「リモート追跡ブランチ」に保存されます。

10.1 変更内容を取得する　git fetch

　つまり、`git fetch`は`clone`した元のリポジトリに変更があった場合に、その情報のみを安全に取得するためのコマンドです。取得した変更は自動的にはワーキングツリーに反映されず、後続の`git merge`や`git rebase`などの操作で必要に応じて統合することができます。

　この仕組みにより、リモートの変更を確認してから、適切なタイミングで自分の作業に取り込むという、柔軟な運用が可能になります。

> **Note** pull と fetch の違い
>
>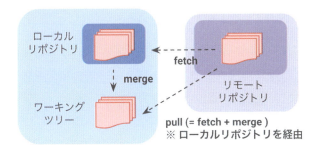
>
> 図10-2　pullとfetchの違い
>
> この図は、Gitにおける`pull`コマンドと`fetch`コマンドの関係性を視覚的に説明したものです。
> 図では、左側にローカル環境、右側にリモートリポジトリが配置されています。ローカル環境は、上部のローカルリポジトリと下部のワーキングツリーに分かれています。
> `git pull`コマンドは、`git fetch`と`git merge`の2つの操作を1つのコマンドで実行します。まず`fetch`操作により、リモートリポジトリの最新の変更情報がローカルリポジトリにダウンロードされます。次に`merge`操作により、取得した変更がワーキングツリーに統合されます。
> これに対し、`git fetch`は変更の取得のみを行い、ワーキングツリーへの統合は行いません。このため、リモートの変更内容を確認してから必要に応じて統合するといった、より慎重な運用が可能です。
> `git pull`は便利な反面、意図しない変更が自動的に統合されるリスクもあります。一方`git fetch`は安全ですが、変更の統合に追加の操作が必要になります。状況に応じて適切なコマンドを選択することが重要です。

●基本的な使い方

git fetch コマンドのフォーマットを紹介します。

▼リモートの更新を取得する

```
$ git fetch [オプション] <引数>
```

<リモート名>の箇所にリモートリポジトリの名前を指定し、最新の情報を取得します。その際、このコマンドによってローカルの作業ディレクトリには影響を与えることはありません。
　実際にコマンドを実行した際の例を見ていきましょう。

▼リモートの更新を取得する

```
$ git fetch origin
remote: Enumerating objects: 5, done.
remote: Counting objects: 100% (5/5), done.
remote: Compressing objects: 100% (2/2), done.
remote: Total 3 (delta 1), reused 3 (delta 1), pack-reused 0
Unpacking objects: 100% (3/3), 288 bytes | 288.00 KiB/s, done.
From github.com:user/repo
   a1b2c3d..e4f5g6h  main       -> origin/main
```

この例では、origin という名前のリモートリポジトリから最新の変更を取得しています。
　また、--all をオプションにすることで、設定されているすべてのリモートリポジトリから最新の変更を一括で取得することができます。

▼すべてのリモートの更新を取得する

```
$ git fetch --all
Fetching origin
remote: Enumerating objects: 3, done.
remote: Counting objects: 100% (3/3), done.
remote: Total 2 (delta 0), reused 2 (delta 0), pack-reused 0
Unpacking objects: 100% (2/2), 248 bytes | 248.00 KiB/s, done.
From github.com:user/repo
   e4f5g6h..i7j8k9l  main       -> origin/main
Fetching upstream
remote: Enumerating objects: 8, done.
remote: Counting objects: 100% (8/8), done.
remote: Total 4 (delta 2), reused 4 (delta 2), pack-reused 0
Unpacking objects: 100% (4/4), 392 bytes | 392.00 KiB/s, done.
From github.com:upstream/repo
```

```
    m1n2o3p..q4r5s6t  main         -> upstream/main
```

-all をオプションにすることで、設定されているすべてのリモートリポジトリ（この例では origin, upstream）から最新の変更を一括で取得しています。

●主なオプション

git fetch コマンドで使用できるオプションをいくつかご紹介します。

表10-1　git fetchコマンドの主なオプション

オプション	説明
-v --verbose	取得の進捗状況を詳しく表示します
-p --prune	リモートで削除されたブランチをローカルからも削除します
-t --tags	タグ情報も含めて取得します
-n	参照を取得せずにオブジェクトのみを取得します
--dry-run	実際の取得を行わず、何が取得されるかを表示します
--depth=<depth>	履歴の深さを指定して取得します
--unshallow	浅いクローンを完全なクローンに変換します
--update-head-ok	HEAD の更新を許可します
--recurse-submodules	サブモジュールも再帰的に取得します
--jobs=<n>	並列取得するジョブ数を指定します

git fetch は、リモートリポジトリから最新のコミットやブランチ情報を取得するためのコマンドです。このコマンドを使用することで、リモートリポジトリの状態をローカルに反映させることができますが、ローカルの作業ブランチには影響を与えません。git pull とは異なり、git fetch は単にリモートの更新を取得するだけで、マージやリベースは行いません。

10.2 特定のコミットを適用する git cherry-pick

ここでは、`git cherry-pick` コマンドについて説明します。次の解説図をご覧ください。

図10-3　git cherry-pickコマンド

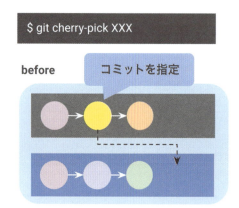
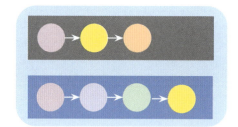

この図は、`git cherry-pick` コマンドの動作を視覚的に説明したものです。`git cherry-pick` は、あるブランチの特定のコミットを、現在作業中の別のブランチに取り込むためのコマンドです。

図では、上段のグレーの枠内に元のブランチが、下段の青い枠内に作業中のブランチが描かれています。元のブランチにはピンク、黄、オレンジのコミットが、作業中のブランチにはピンク、薄紫、緑のコミットが存在します。

`git cherry-pick` コマンドを実行する前の状態（Before）では、作業中のブランチには黄色のコミットが存在していません。コマンド実行後の状態（After）では、元のブランチから黄色のコミットが作業中のブランチに取り込まれています。

具体的には、`git cherry-pick XXX` コマンド（XXX は取り込みたいコミットの ID）を実行することで、指定したコミットの変更内容が現在のブランチに新しいコミットとして追加されます。コミット ID は `git log` コマンドなどで確認することができます。

10.2 特定のコミットを適用する　git cherry-pick

なお、cherry-pickで作成される新しいコミットは、元のコミットと同じ変更内容を持ちますが、異なるコミットIDが割り当てられる点に注意が必要です。

コマンドのフォーマットを紹介します。

```
$ git cherry-pick [オプション] <引数>
```

`git cherry-pick`コマンドではコミットIDを指定して、対象のコミットを取得します。チェリーピックは日本語で「さくらんぼをつまむ」と言う意味です。一部のコミットをつまんで持ってくる動作としてイメージして覚えましょう。

それでは、実際にコマンドを実行した際の例を見ていきましょう。

```
$ git log --oneline
abc123 feat: add new feature
def456 fix: resolve login bug
ghi789 docs: update README

# 1. 特定のコミットを適用する
$ git cherry-pick abc123
Successfully cherry-picked commit abc123

# 2. 複数のコミットを適用する
$ git cherry-pick abc123..def456
Successfully cherry-picked commits abc123 through def456

# 3. -xオプションを使用してコミットメッセージに元のコミットを記録
$ git cherry-pick -x ghi789
[main abc123] feat: add new feature (cherry picked from commit ghi789)
```

この例では、`git cherry-pick`コマンドの使用方法を3つのケースで示しています。

1. 最初の例では、`git log --oneline`コマンドで現在のコミット履歴を確認し、その後`git cherry-pick abc123`を実行して特定のコミット（abc123）を現在のブランチに適用しています。
2. 2番目の例では、`git cherry-pick abc123..def456`のように範囲指定を使用して、複数のコミット（abc123からdef456まで）を一度に適用する方法を示しています。
3. 3番目の例では、-xオプションを使用してコミットを適用しています。このオプションを使用すると、新しく作成されるコミットメッセージに「cherry picked from commit ghi789」という注釈が追加され、元のコミットの参照情報が残ります。これは、後で変更の出所を追跡する必要がある場合に便利です。

`git cherry-pick`は、あるブランチの特定のコミットを別のブランチに適用するための便利なコマンドです。これにより、特定の変更のみを選択的に取り込みたい場合、例えばバグ修正や特定機能の追加が必要な際に効果的に利用できます。

●基本的な使い方

1. **適用先のブランチへ移動**：`git switch <ターゲットブランチ>`で、変更を適用したいブランチに切り替えます。
2. **cherry-pick の実行**：`git cherry-pick コミットID`で指定したコミットが現在のブランチに適用されます。例えば、`git cherry-pick a1b2c3d`と入力すれば、a1b2c3dというハッシュ値のコミットが適用されます。
3. **複数コミットの適用**：連続したコミットを適用したい場合、範囲を指定して次のように実行します。

```
git cherry-pick <開始コミット>..<終了コミット>
```

> **Note　ハッシュ値**
> ハッシュ値とは、コミットを一意に識別するための文字列のことです。通常、40文字の16進数で表され、そのコミットの内容に基づいて自動的に生成されます。ハッシュ値を指定することで、特定のコミットを参照することができます。

●主なオプション

`git cherry-pick`コマンドで使用できるオプションをいくつかご紹介します。

表10-2　git cherry-pickコマンドの主なオプション

オプション	意味
-x	適用したコミットメッセージに (cherry picked from commit XXXXX) が追加され、元のコミットの参照が残ります。
-n	ステージングのみ行い、コミットは自動で行わず手動で実施できます。
-e	コミットメッセージを編集する際に使用します。

第10章 | Gitでできること解説

10.3
コミット履歴を整理する
git rebase

ここでは、git rebase コマンドについて説明します。次の解説図をご覧ください。

図10-4　git rebaseコマンド

`git rebase` は2つのブランチのコミットを並び替えて1つのブランチにするために行います。

`git rebase -i <コミット>` を使うと、コミットの順序変更、結合、削除など、より複雑な履歴の編集が可能です。GUIツールを使うとより分かりやすく操作できます。

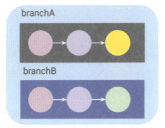
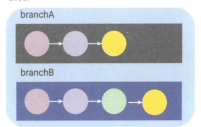

　この図は、git rebase コマンドを使用してブランチのコミット履歴を整理する方法を説明しています。

　図では、2つのブランチ（**branchA** と **branchB**）が存在する状態から、git rebase コマンドを使用して1つのブランチに統合するプロセスを示しています。

　Before の状態では、branchA（上段のグレー枠）にはピンク、紫、黄色のコミットが、branchB（下段の青枠）にはピンク、薄紫、緑のコミットがそれぞれ存在します。

`git rebase`コマンドを実行すると、**After**の状態のようにbranchBのコミットがbranchAの最新コミットの後ろに再配置されます。これにより、2つのブランチのコミット履歴が1本の直線的な履歴として整理されます。

コマンドのフォーマットを紹介します。

```
$ git rebase [オプション] <引数>
```

`git rebase`は、コミット履歴を整理し、プロジェクトの履歴をよりクリーンで理解しやすい形にするための強力なツールです。特に、ブランチをマージする前に履歴を整頓したい場合に便利です。

実際にコマンドを実行した際の例を見ていきましょう。

```
$ git rebase feature
Switched to branch 'feature'
$ git rebase main
First, rewinding head to replay your work on top of it...
Applying: Add new feature
Applying: Fix bug in feature
Applying: Update documentation
```

この例では、featureブランチをmainブランチにリベースしています。まずfeatureブランチに切り替え、その後mainブランチをベースにリベースを実行しています。リベースが成功すると、featureブランチのコミット（新機能の追加、バグ修正、ドキュメントの更新）がmainブランチの最新コミットの上に順番に適用されていきます。

●実行手順と注意点

このリベースを実行する際の具体的な手順について説明します。

リベースは以下の4つのステップで行います。まず、メインブランチの最新状態を取得します。`git switch main`コマンドでメインブランチに移動し、`git pull`を実行して最新の変更を取り込みます。

次に、作業ブランチに戻ってリベースを開始します。`git switch`で作業ブランチに切り替えた後、`git rebase main`コマンドを実行します。これにより、作業ブランチのコミットがメインブランチの最新コミットの上に再配置されます。

リベース中にコンフリクトが発生した場合は、手動で解決する必要があります。コンフリクトを解決した後、`git rebase --continue` コマンドでリベースを続行します。この作業は、すべてのコンフリクトが解消されるまで繰り返します。

最後に、リベースが完了したら、変更をリモートリポジトリに反映します。`git push --force-with-lease` コマンドを使用して、リモートブランチを更新します。

リベースを行う際は、ローカルブランチで行うことを推奨します。他の開発者と共有しているリモートブランチでリベースを実行すると、履歴が変更されるため、チームメンバーに混乱を招く可能性があります。

また、リベースを使用することで、ブランチの履歴を直線的に保つことができます。これは通常のマージと比べて、後から変更の流れを追跡しやすくなるという利点があります。プロジェクトの履歴をクリーンに保ちたい場合は、マージの代わりにリベースを選択することを検討してください。

`git rebase` は履歴をきれいな状態に保ち、プロジェクトの進捗を把握しやすくするために役立ちます。適切に活用することで、チームの開発効率も向上するでしょう。

> **Note** インタラクティブリベース
>
> インタラクティブモード（`git rebase -i`）を利用すると、より詳細な操作が可能です。
>
> ```
> $ git rebase -i <ベースとなるブランチ>
> ```
>
> インタラクティブモードでは、以下の操作が行えます。コミットの前に表示される `pick` を以下のコマンドに変更することで、各操作を実行できます。
>
> ```
> pick 1234567 コミットメッセージ
> ```
>
> 主なコマンドは以下の通りです。

表10-3　git rebaseで使える主なコマンド

コマンド名	略記	機能
pick	p	コミットをそのまま使用します
reword	r	コミットを使用し、メッセージを変更します
edit	e	コミットを使用し、変更を加えます
squash	s	直前のコミットに統合し、メッセージを編集します
fixup	f	直前のコミットに統合し、メッセージは破棄します
drop	d	コミットを削除します
exec	x	シェルコマンドを実行します

●主なオプション

`git rebase` コマンドで使用できる主なオプションは以下の通りです。

表10-4　git rebaseコマンドの主なオプション

オプション	説明
`-i` `--interactive`	インタラクティブモードでリベースを実行します
`--continue`	コンフリクト解決後にリベースを続行します
`--abort`	リベースを中止し、元の状態に戻します
`--skip`	現在のパッチをスキップしてリベースを続行します
`--onto <newbase>`	指定したコミットの上にリベースします
`-m` `--merge`	マージの競合が発生した場合、3-way マージを使用します
`--stat`	リベース完了時に差分の統計情報を表示します
`--no-verify`	pre-rebase フックを実行しません
`--verify`	pre-rebase フックを実行します
`--committer-date-is-author-date`	コミッター日付を作成者日付と同じに設定します
`--ignore-whitespace`	空白の変更を無視します
`--whitespace=<option>`	空白エラーの処理方法を指定します
`-S` `--gpg-sign[=<key-id>]`	GPG 署名でコミットに署名します
`--root`	リポジトリの最初のコミットからリベースを開始します

第 10 章 | Gitでできること解説

10.4 作業中の変更を一時的に保存する git stash

ここでは、`git stash`コマンドについて説明します。次の解説図をご覧ください。

図10-5 git stashコマンド

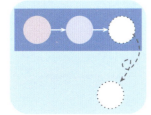
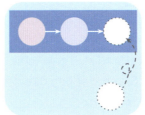

```
$ git stash # 退避
$ git stash pop # 復旧
```

`git stash` は変更中のファイルを一時的に退避させるために行い、`git stash pop` で退避させたファイルを元に戻すために行います。

　この図は、Gitのstash機能の仕組みを視覚的に説明したものです。図は大きく左右に分かれており、左側は変更を退避させる過程を、右側は退避した変更を復元する過程を表しています。
　左側では、通常のコミット履歴（ピンクと紫の円で表現）に加えて、まだコミットされていない作業中の変更（点線の白い円）が存在する状態が描かれています。この状態で`git stash`コマンドを実行すると、作業中の変更が一時的な領域に退避され、作業ディレクトリはクリーンな状態に戻ります。
右側では、`git stash pop`コマンドによる変更の復元過程が描かれています。コミット履歴は退避前と変わらない状態を保ったまま、一時退避していた変更内容が作業ディレクトリに復元されます。
　このstashの仕組みにより、作業中の変更を失うことなく別のブランチでの作業に移ることができ、必要なタイミングで元の作業内容を復元することが可能です。`git stash`コマンドは、ステージング済みの変更とステージングされていない変更の両方を退避させることができ、作業ディレクトリをクリーンな状態に保つことができます。

145

```
$ git stash ［サブコマンド］ ［オプション］ <引数>
```

git stash は変更中のファイルを一時的に退避させるために行います。
実際にコマンドを実行した際の例を見ていきましょう。

```
$ git stash
Saved working directory and index state WIP on main: 2d5f3a1 Add new feature
HEAD is now at 2d5f3a1 Add new feature
$ git stash pop
On branch main
Changes not staged for commit:
  (use "git add <file>..." to update what will be committed)
  (use "git restore <file>..." to discard changes in working directory)
        modified:   index.html
Dropped refs/stash@{0} (32b3aa1d185dfe6d57b3c3f5f0ac10b3a8fb8b4c)
```

　この例では、まず git stash コマンドを実行して作業中の変更を退避させています。コマンドの出力から、変更が正常に保存され（"Saved working directory..."）、HEAD が最新のコミット（2d5f3a1）を指していることが分かります。
　次に git stash pop コマンドを実行して、退避させた変更を復元しています。出力から、index.html ファイルに対する変更が復元され（"modified: index.html"）、使用した stash が削除された（"Dropped refs/stash@{0}"）ことが確認できます。これにより、一時的に退避させた作業内容を元の状態に戻すことができました。
　git stash は、作業中の変更を一時的に保存し、ワークツリーをクリーンな状態に戻すための便利なコマンドです。ブランチの切り替えや緊急のバグ修正など、様々な場面で活用することで、開発ワークフローをスムーズに進めることができます。

●変更を一時保存する

　作業中の変更を一時的に保存したい場合、git stash コマンドを使用します。これにより、現在の作業内容を一時的に退避させ、ワークツリーをクリーンな状態に戻すことができます。例えば、他のブランチに切り替える必要がある場合に便利です。

```
$ git stash
```

作業中の変更を一時的に保存する　git stash　10.4

また、保存内容を後で簡単に識別できるように、メッセージを添えて保存することも可能です。これにより、複数の変更を保存した際に、どのstashがどの作業に関連しているかを把握しやすくなります。

```
$ git stash save "作業メモ"
```

●保存した変更の一覧を確認する

保存した変更の一覧を確認するには、`git stash list`コマンドを使用します。このコマンドは、現在のリポジトリに保存されているすべてのstashを表示し、それぞれのstashに関連付けられたメッセージや番号を確認することができます。

```
$ git stash list
```

●保存した変更を復元する

保存した変更を復元したい場合、`git stash pop`または`git stash apply`コマンドを使用します。`git stash pop`は、最新のstashを適用し、同時にそのstashを削除します。 一方、`git stash apply`は、stashを適用するだけで削除はしません。

▼最新のstashを適用し、削除する場合

```
$ git stash pop
```

▼stashを適用するだけで、削除しない場合

```
$ git stash apply
```

特定のstashを復元する場合は、`git stash apply stash@{0}`のように、特定の番号を指定して復元します。これにより、過去に保存した特定の変更を再適用することができます。

```
$ git stash apply stash@{0}
```

`stash@{0}`は、最も最近に保存されたstashを意味します。数字を変えることで、過去に保存したstashを参照できます。例えば、`stash@{1}`は2番目に最近保存されたstashです。

147

stash@{0} の部分は、git stash list コマンドで確認できる stash の番号に置き換えてください。

●特定の保存を削除する

過去に保存した stash を削除するには、git stash drop を使います。
stash@{0} の部分は、git stash list コマンドで確認できる stash の番号に置き換えてください。

```
$ git stash drop stash@{0}
```

●全ての保存を削除する

全ての stash を削除するには、git stash clear を使います。

```
$ git stash clear
```

●主なオプション

git stash コマンドで使用できるオプションをいくつかご紹介します。

表10-5　git stashコマンドの主なオプション

オプション	説明
save [<message>]	変更を保存する際にメッセージを付けることができます
list	保存された stash の一覧を表示します
show [stash@{n}]	特定の stash の内容を表示します
pop [stash@{n}]	stash を適用し、stash リストから削除します
apply [stash@{n}]	stash を適用しますが、stash リストからは削除しません
drop [stash@{n}]	特定の stash を削除します
clear	すべての stash を削除します
branch <branchname> [stash@{n}]	stash から新しいブランチを作成します
-u --include-untracked	未追跡のファイルも含めて保存します
-a --all	無視されたファイルも含めてすべての変更を保存します
-k --keep-index	インデックスの状態を保持したまま保存します
-p --patch	対話的に変更を選択して保存します

第 10 章 | Gitでできること解説

10.5 特定の時点にタグをつける git tag

ここでは、`git tag` コマンドについて説明します。次の解説図をご覧ください。

図10-6 git tagコマンド

この図は、Git のタグ機能について説明したものです。タグとは、コミット履歴の中の特定の時点に名前をつけることができる機能です。

図では、青い枠で囲まれたコミット履歴の中に、ピンク、紫、緑の丸で表された複数のコミットが存在します。赤いペンで示されているように、これらのコミットに対してタグを付与することができます。

タグは主にリリースバージョンの管理に使用されます。例えば、製品のバージョン 1.0 をリリースする際に、そのコミットに「v1.0」というタグを付けることで、後からそのバージョンのコードを簡単に参照できるようになります。

タグには 2 種類あります。

1. 軽量タグ：単純にコミットを指し示すだけのタグ
2. 注釈付きタグ：タグ名に加えて、作成者、日付、メッセージなどの情報を含むタグ

図の例では、git tag コマンドでタグの一覧を表示し、git tag -a v1.1 -m {tag_message} コマンドで新しいタグを作成する様子が示されています。-a オプションは注釈付きタグを作成することを意味し、-m オプションでタグに付けるメッセージを指定します。
　図の下部には、すでに作成された v0.1、v0.2、v0.3、v1.0 といったタグが表示されており、プロジェクトの進行に応じて順次タグが付けられていく様子がわかります。
　コマンドのフォーマットを紹介します。

```
$ git tag [オプション]
```

　git tag コマンドでは、特定のコミットに名前（タグ）を付けることができます。例えば、製品のバージョン 1.0 をリリースする際に「v1.0」というタグを付けることで、そのバージョンのコードを後から簡単に参照できるようになります。また、重要な機能追加やバグ修正のコミットにもタグを付けることで、プロジェクトの重要なマイルストーンを分かりやすく管理することができます。
　タグには軽量タグ、注釈付きタグの 2 種類があります。それぞれ解説していきます。

●軽量タグ

軽量タグのフォーマットは次のとおりです。

```
$ git tag [オプション] <引数>
```

　次の例では、git tag v1.0.0 コマンドを使用して、現在の HEAD コミットに「v1.0.0」という軽量タグを付与しています。軽量タグは単純にコミットを指し示すだけのタグで、追加の情報は含まれません。このようなタグ付けは、開発の重要なマイルストーンやバージョンを記録する際に便利です。

```
$ git tag v1.0.0
```

●注釈付きタグ

注釈付きタグのフォーマットは次のとおりです。

```
$ git tag -a <タグ名> -m "<メッセージ>" <コミットハッシュ値>
```

次の例では、`git tag -a v1.0.0 -m "Version 1.0.0 released"` コマンドを使用して、注釈付きタグを作成しています。

```
$ git tag -a v1.0.0 -m "Version 1.0.0 released"
```

注釈付きタグは、タグ名だけでなく、作成者、作成日時、説明文などの追加情報も含むため、プロジェクトの重要なマイルストーンやリリースバージョンを記録する際に適しています。この例では、バージョン1.0.0のリリースを記念して注釈付きタグを作成し、その説明文として"Version 1.0.0 released" というメッセージを付与しています。

●タグの確認

作成したタグのリストを表示するには引数の指定がない `git tag` を入力します。

```
$ git tag
v0.1
v0.2
v0.3
v1.0
v1.1
```

一般的なプロジェクトでは、バージョン番号を示すタグが順番に作成されていくため、このような出力になります。

●タグのプッシュ

リモートリポジトリにタグを共有するには、以下のコマンドを実行します。

```
$ git push <ブランチ名> <タグ名>
```

次の例では、`git push origin v1.0.0`コマンドを使用して、作成したタグ「v1.0.0」をリモートリポジトリ（origin）にプッシュしています。タグはデフォルトでは`git push`コマンドでは送信されないため、明示的にタグ名を指定してプッシュする必要があります。このコマンドを実行することで、ローカルで作成したタグをチームのメンバーと共有することができます。

```
$ git push origin v1.0.0
```

●主なオプション

`git tag`コマンドで使用できる主なオプションは以下の通りです。

表10-6　git tagコマンドで使用できる主なオプション

オプション	説明
-a	注釈付きタグを作成します
-m ＜メッセージ＞	タグに説明文を付与します
-d ＜タグ名＞	指定したタグを削除します
-l ＜パターン＞	パターンに一致するタグを表示します
-n	タグに関連付けられたコミットメッセージも表示します
-v	タグの詳細情報を表示します
--contains ＜コミット＞	指定したコミットを含むタグを表示します
--merged	現在のブランチにマージされているタグを表示します
--points-at ＜オブジェクト＞	指定したオブジェクトを指すタグを表示します
--sort=＜キー＞	指定したキーでタグをソートして表示します

●タグの活用例

タグをうまく使うと、次のような用途に役立ちます。

・リリースバージョン管理（例：`v1.0.0`, `v2.0.1`）
・バグ修正の時点を記録（例：`fix-login-issue`）
・マイルストーンの達成を記録（例：`milestone-alpha`）

第 10 章 | Gitでできること解説

10.6

gitで管理しないファイルを指定する .gitignoreファイル

ここでは、.gitignore ファイルについて説明します。次の解説図をご覧ください。

図10-7 .gitignoreファイル

.gitignore ファイルには、無視したいファイルやディレクトリのパターンを記述することでGitの管理対象外に指定することができます。例えば `*.log` はすべての `.log` ファイルを無視し、`build/` は `build` ディレクトリ全体を無視します。

`git config --global core.excludesfile ~/.gitignore_global` のように設定し、~/.gitignore_global にパターンを記述します。

　この図は、Git の .gitignore ファイルについて説明したものです。
　.gitignore ファイルは、Git リポジトリで管理したくないファイルやディレクトリを指定するための設定ファイルです。このファイルは通常、リポジトリのルートディレクトリに配置され、一時ファイル、ログファイル、ビルド生成物など、リポジトリに含める必要のないファイルを誤ってコミットすることを防ぐ役割があります。
　.gitignore ファイルには、無視したいファイルやディレクトリのパターンを記述します。例えば、「`*.log`」と記述することで拡張子が .log のすべてのファイルを、「build/」と記述することで build ディレクトリ全体を Git の管理対象から除外することができます。
　また、グローバルな設定も可能です。`git config --global core.excludesfile ~/.gitignore_global` コマンドを使用すると、.gitignore_global ファイルに記述されたパターンを、すべての Git リポジトリで無視するように設定できます。これは、OSが生成する .DS_Store ファイルや、エディタが生成する一時ファイルなど、プロジェクトに依存しない一般的な無視パターンを設定する際に便利です。

このように`.gitignore`ファイルを適切に設定することで、リポジトリをクリーンに保ち、効率的なバージョン管理を行うことができます。

● `.gitignore`ファイルの役割

　`.gitignore`ファイルには主に3つの重要な役割があります。1つ目は、特定のファイルやディレクトリを Git の管理対象から除外する機能です。2つ目は、キャッシュファイル、ログファイル、一時ファイルなど、リポジトリに含める必要のないファイルが誤って追加されることを防ぐ機能です。3つ目は、これらの機能によってリポジトリの管理をシンプルかつ効率的に保つことができる点です。このように、`.gitignore`ファイルは効果的なバージョン管理のために重要な役割を果たします。

　基本的にはプロジェクトは以下で新しく`.gitignore`という名前のファイルを作成し、その内容を編集するだけで大丈夫です。`gitignore.io`などオンラインジェネレーターのサービスを使用して、プロジェクトに適した`.gitignore`ファイルを生成させることもできます。

● `.gitignore`ファイルの作成方法

ターミナルを開き、リポジトリのルートディレクトリで以下のコマンドを実行します。

```
$ touch .gitignore
```

　GitHub では、リポジトリを作成する際に、「Add .gitignore」を選択すると、プロジェクトに適したテンプレートを選択できるリストが表示されます。

図10-8　GitHubのリポジトリ作成画面

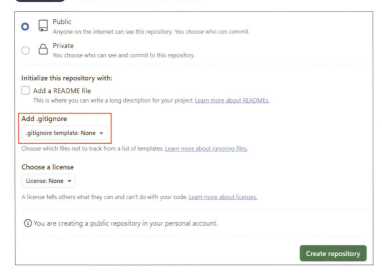

● .gitignoreファイルの記述例

.gitignoreファイルには、例えば、次のように無視したいファイルやディレクトリを記述します。

ファイル10-1 .gitignoreファイルの記述例

```
# キャッシュファイルを無視
*.cache

# ログファイルを無視
*.log

# 一時ファイルがあるディレクトリを無視
temp/

# 特定のファイル（impoprtant.pdf）を除外する例
*.pdf
!important.pdf
```

表10-7 特定のパターンの指定方法

種別	指定例	意味
特定の拡張子のファイル	`*.log`	すべての`.log`ファイルが無視されます。
特定のディレクトリ	`directory/`	指定したディレクトリ全体が無視されます。
否定指定	`!important.pdf`	`important.pdf`ファイルは無視されません。

> **Caution** 既に追跡中のファイルを無視するには、`git rm --cached <ファイル名>`コマンドでインデックスから削除する必要があります。

> **Caution** .gitignoreファイルはプロジェクトルートや各サブディレクトリに配置でき、階層が深いほど優先度が高くなります。

> **Note** gitignore.ioなどのオンラインサービスを使用すると、プロジェクトに適した.gitignoreファイルを生成できます。
> 例えば、下記はgitignore.ioにおいて「Java」を指定して出力させた.gitignoreファイルのテンプレートです。プログラミング言語以外にもフレームワークなども指定できるので、開発する環境に合わせて初めに作成しておきましょう。

図10-9 gitignore.io

```
# Created by https://www.toptal.com/developers/gitignore/api/java
# Edit at https://www.toptal.com/developers/gitignore?templates=java
### Java ###
# Compiled class file
*.class
# Log file
*.log
# BlueJ files
*.ctxt
# Mobile Tools for Java (J2ME)
.mtj.tmp/
# Package Files #
*.jar
*.war
*.nar
*.ear
*.zip
*.tar.gz
*.rar
# virtual machine crash logs, see http://www.java.com/en/download/help/error_hotspot.xml
hs_err_pid*
replay_pid*
# End of https://www.toptal.com/developers/gitignore/api/java
```

●コミット手順

　.gitignore ファイルを作成し、変更をコミットしてリモートリポジトリにプッシュするには、以下の手順に従います。

```
$ git add .gitignore
$ git commit -m "Add .gitignore"
$ git push
```

　適切に .gitignore を設定することで、プロジェクト管理がスムーズになり、リポジトリが整理された状態を保つことができます。

第 10 章 | Gitでできること解説

10.7
他のGitリポジトリを参照する
submodule

ここでは、Git のサブモジュールについて説明します。次の解説図をご覧ください。

図10-10 サブモジュール

Git Submodule（サブモジュール）は、自分の Git リポジトリ内に別のリポジトリをサブディレクトリとして取り込む機能です。

外部ライブラリや他のプロジェクトを独立した形で管理しつつ、自分のリポジトリ内で利用することができます。

サブモジュールを使用することで、外部リソースのバージョン管理が簡単になります。

このコマンドで指定のリポジトリをサブモジュールとして追加すると、`.gitmodules` ファイルに情報が記録されます。

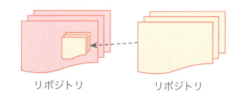

```
# サブモジュールをリポジトリに追加する
$ git submodule add <リポジトリURL> <パス>

# サブモジュールを初期化してチェックアウトする
$ git submodule update --init
```

　この図は、Git サブモジュールの概念と仕組みを視覚的に説明したものです。
　Git サブモジュールとは、ある Git リポジトリの中に別の Git リポジトリをサブディレクトリとして含める機能です。図では、メインのリポジトリ（親リポジトリ）の中に、サブモジュールとして取り込まれた別のリポジトリ（子リポジトリ）が含まれている様子が描かれています。
　サブモジュールを追加するには、`git submodule add <リポジトリURL> <パス>` コマンドを使用します。このコマンドを実行すると、指定したリポジトリがサブモジュールとして追加され、同時に `.gitmodules` ファイルが作成されます。このファイルには、サブモジュールのリポジトリ URL やパスなどの設定情報が記録されます。
　サブモジュールを含むリポジトリを新たにクローンした場合は、`git submodule update --init` コマンドを実行する必要があります。このコマンドにより、サブモジュールの初期化とブランチの切り替えが行われ、実際のコードがダウンロードされます。

サブモジュールを使用することで、以下のような利点があります。

1. 外部ライブラリや共通コンポーネントを独立したリポジトリとして管理できる
2. メインプロジェクトとサブプロジェクトのバージョン管理を分離できる
3. 複数のプロジェクト間で共通のコードを効率的に共有できる

このように、サブモジュールは大規模なプロジェクトや、複数のプロジェクトで共通のコードを使用する場合に特に有用な機能です。

●サブモジュールの追加

サブモジュールを追加するには、以下のコマンドを使用します。

```
$ git submodule [サブコマンド] [オプション] <リポジトリURL>
```

Git Submodule（サブモジュール）は、自分のGitリポジトリ内に別のGitリポジトリをサブディレクトリとして取り込む機能です。これにより、例えば外部ライブラリや他のプロジェクトを独立した形で管理しつつ、自分のリポジトリ内で利用することができます。サブモジュールを使用することで、複数のプロジェクト間での依存関係を整理しやすくなり、外部リソースのバージョン管理が簡単になります。

サブモジュールを追加すると、`.gitmodules` ファイルに情報が記録されます。このファイルには、サブモジュールのリポジトリURLやパスなどの設定情報が含まれています。実際にサブモジュールの追加方法について見ていきましょう。

```
$ git submodule add <リポジトリURL> <パス>
```

このコマンドを実行すると、指定したURLのリポジトリが現在のGitリポジトリのサブモジュールとして追加されます。<パス>には、サブモジュールを配置するローカルディレクトリを指定します。コマンドを実行すると、以下の2つの処理が行われます。

1. `.gitmodules` ファイルが作成または更新され、サブモジュールの情報が記録されます
2. 指定した<パス>にサブモジュールのリポジトリがクローンされます

10.7 他のGitリポジトリを参照する submodule

　サブモジュールを使用することで、あるリポジトリの中に別のリポジトリを組み込むことができます。これは外部ライブラリや共有コンポーネントなどを管理する際に特に便利です。なお、サブモジュールを使用する際は、`.gitmodules` ファイルを必ずコミットするようにしましょう。このファイルは、他の開発者がリポジトリをクローンした際にサブモジュールを正しく初期化するために必要な情報を含んでいます。

●サブモジュールの初期化と更新

　Git Submodule を活用することで、プロジェクトの依存関係を適切に管理し、異なるリポジトリとの連携をスムーズに行うことができます。ただし、複雑な構成になりがちなため、更新作業や管理には注意が必要です。

　他にも `git submodule update --init --recursive` コマンドは、サブモジュール内にさらにサブモジュールが存在する場合（ネストされたサブモジュール）に、すべてを初期化して更新するために使用されます。

●主なオプション

　この `git submodule` コマンドで使用できる主なオプションは以下の通りです。

表10-8　git submoduleコマンドで使用できる主なオプション

オプション	説明
`add <リポジトリURL> <パス>`	新しいサブモジュールを追加します
`init`	サブモジュールを初期化します
`update`	サブモジュールを更新します
`--recursive`	ネストされたサブモジュールも含めて操作を実行します
`--remote`	リモートの最新バージョンに更新します
`--force`	強制的に更新を実行します
`--merge`	サブモジュールの変更をマージします
`--rebase`	サブモジュールの変更をリベースします
`--reference <リポジトリ>`	参照リポジトリを指定してクローンします
`--depth <数値>`	履歴の取得を指定した深さに制限します

COLUMN

Git 関連便利ツールの紹介

　ここでは開発をさらに効率的かつ快適に行うためのツールをご紹介します。これらのツールを活用することで、Git の機能をさらに拡張し、開発作業をよりスムーズに進めることができます。

表10-9 Git関連ツール一覧

ツール名	説明	主な機能	
Oh my zsh	Zsh シェルのカスタマイズフレームワーク	・Git 連携機能 ・テーマカスタマイズ	・豊富なプラグイン ・コマンド補完
gibo	`.gitignore` ファイル生成ツール	・テンプレート自動生成 ・既存ファイルへの追記	・複数テンプレートの組み合わせ
tig	Git リポジトリブラウザ	・コミット履歴の可視化 ・ブランチ管理	・差分表示 ・インタラクティブな操作
Git-Completion	Git コマンド補完ツール	・コマンド補完 ・リモート名補完	・ブランチ名補完 ・オプション補完

　Oh my zsh は、Zsh シェルをカスタマイズするためのフレームワークです。Git 連携機能が充実しており、ブランチ名の表示や Git コマンドの補完などが可能です。また、豊富なプラグインやテーマを使ってシェルの見た目や機能を拡張できます。

　gibo は、`.gitignore` ファイルを簡単に生成するためのツールです。様々な言語やフレームワーク用のテンプレートを自動生成でき、複数のテンプレートを組み合わせることもできます。既存の `.gitignore` ファイルへの追記も可能です。

　tig は、Git リポジトリを視覚的に操作できるブラウザツールです。コミット履歴の可視化や差分の表示、ブランチの管理などが可能で、インタラクティブな操作を行えます。

　Git-Completion は、Git コマンドの入力を支援する補完機能を提供するスクリプトです。Git コマンドやオプション、ブランチ名などを入力する際に、効率的にコマンドを入力することができます。

　それぞれについて見ていきましょう。

● Oh my zsh（https://ohmyz.sh/）

　Oh My Zsh は、Zsh シェルのためのオープンソースのフレームワークです。Zsh の設定とカスタマイズを簡単に管理できるようにします。

- 自動アップデート機能：最新の機能や修正が自動的に適用される
- 豊富なプラグイン：200 以上のプラグインにより、機能を簡単に拡張できる
- テーマカスタマイズ：多様なテーマから選択でき、シェルの外観を容易に変更できる

・Gitとの優れた連携：Gitの操作が効率的になる
・便利なエイリアス：よく使うコマンドの短縮形が提供される
・強力な自動補完：コマンドや引数の補完機能が充実

　Oh My Zshには、開発効率を大幅に向上させる多くの機能が備わっています。まず、最新の機能や修正が自動的に適用される自動アップデート機能により、常に最新の状態を維持できます。また、200以上ものプラグインが用意されており、必要に応じて機能を簡単に拡張することができます。

　シェルの見た目も、多様なテーマから好みのものを選択して容易にカスタマイズできます。特筆すべきは、Gitとの優れた連携機能です。ブランチ名の表示や各種Git操作が効率的に行えるようになります。

　さらに、よく使うコマンドの短縮形（エイリアス）が標準で提供されているため、タイピング量を減らすことができます。コマンドや引数の補完機能も非常に充実しており、開発作業の効率を大きく向上させることができます。

● gibo（https://github.com/simonwhitaker/gibo）
　giboは `.gitignore` ファイルを簡単に生成するためのコマンドラインツールです。GitHubが管理している公式のgitignoreテンプレート集（github/gitignore）を利用して、プログラミング言語やフレームワークごとの `.gitignore` を自動生成できます。
　主に以下のような特徴があります。

・多数の言語やフレームワークに対応したテンプレートを提供
・コマンド一つで複数のテンプレートを組み合わせて `.gitignore` を生成
・既存の `.gitignore` ファイルへの追記も可能

　giboを使用することで、手動で `.gitignore` ファイルを作成する手間を省き、プロジェクトに必要な除外設定を素早く導入することができます。

● tig（https://jonas.github.io/tig/）
　tigは、ターミナル上で動作するGitリポジトリを視覚的に操作できるツールです。コミット履歴の可視化や差分の表示、ブランチの管理などが可能で、インタラクティブな操作を行えます。主な特徴は次のとおりです。

・コマンドラインで使える見やすいインターフェースを提供
・コミット履歴をツリー形式で表示し、変更内容を簡単に確認可能
・ファイルのステージング（`git add`）やコミット（`git commit`）、変更差分の表示などをキーボード操作だけで実行可能

▼ **基本的な操作方法**
- メインビュー（M）
  - コミット履歴をツリー構造で表示
  - ↑、↓キーまたは J、K キーで移動
  - Enter でコミットの詳細を表示
- ステータスビュー（S）
  - 変更ファイルの状態を表示
  - U キーでファイルのステージング / アンステージが可能
  - Shift ＋ C キーでコミット実行
- リファレンスビュー（R）
  - ブランチやタグの一覧を表示
  - Enter キーでブランチの詳細を確認可能

● **Git-Completion**

Git-Completion は、Git コマンドの入力を効率化する補完機能を提供するツールです。主に以下のような機能があります。

- Git のサブコマンドの補完
- ブランチ名の補完
- リモートリポジトリ名の補完
- ファイルパスの補完

　Git-Completion を使用すると、Git のサブコマンドやブランチ名、リモートリポジトリ名、ファイルパスなどを自動的に補完してくれます。例えば、`git sw` まで入力して「Tab」キーを押すと `git switch` と補完されたり、`git switch ma` まで入力して「Tab」キーを押すと `git switch main` のようにブランチ名を補完してくれます。

　このような補完機能により、長いコマンドやブランチ名を完全に入力する必要がなくなり、タイプミスも防ぐことができます。また、利用可能なサブコマンドやブランチ名を覚えていなくても、「Tab」キーで候補を表示させることができるため、Git の操作がより直感的になります。

　『Pro Git 日本語版』(https://git-scm.com/book/ja/v2/)の「A1.4 Bash で Git を使う」が参考になるでしょう。

第11章

VSCodeを利用してGitを操作する

これまでは、コマンドラインインターフェース(CLI)を使ってGitを操作する方法を説明してきました。この章では、Visual Studio Code(VSCode)の拡張機能などを利用して、視覚的にGitを操作する方法について解説します。

エンジニアは最終的にはCLIでGitを操作できるようになることが望ましいですが、最初のうちはGUIツールを使って操作をすることも一つの選択肢です。GUIツールを使うことで、Gitの概念を視覚的に理解しやすく、操作ミスも防ぎやすいためです。VSCodeのGit機能は、GUIでありながらも必要に応じてCLIも使えるため、段階的にGitの操作を学ぶのに適しています。

11.1 VSCodeでGitを使う	164
11.2 VSCodeでGitをより便利に扱うための拡張機能	169

第 11 章 | VSCodeを利用してGitを操作する

VSCodeでGitを使う

● Git が正しくセットアップされているか確認する

　VSCode を使う前に、Git がローカル環境にインストールされていることが前提になります。第 2 章の手順を参考にして Git をインストールしてください。

　VSCode で Git が有効になっているかを確認するには、画面左側の「ソース管理」アイコンをクリックします。もし「Git が見つかりません」と表示される場合は、Git をインストールする必要があります。

　次のように表示されていれば問題ありません。

図11-1　Gitが正しくセットアップされている環境におけるVSCodeの表示

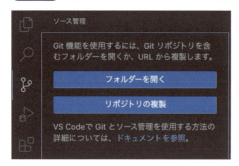

● リモートリポジトリをローカルにクローンする

　リモートリポジトリをローカルにクローンするには、**コマンドパレット**を開き、「**Git: Clone**」を選択してリポジトリの URL を入力します。

　コマンドパレットを開くには Windows であれば `Ctrl` + `Shift` + `P`、macOS であれば `command` + `shift` + `P` のキーを同時に押します。半角入力モードで「git clone」と入力すれば選択がかんたんになります。

図11-2　VSCodeのコマンドパレットを開く

●変更のステージングとコミット

ファイルを編集すると「ソース管理」ビューの「変更」に、「変更されたファイル」が一覧表示されます。

図11-3　変更をステージに追加する

ファイル名の右側には、ファイルのステータスに応じたアルファベットが表示されます。各アルファベットの意味は次表の通りです。

表11.1　アルファベットとステータス

アルファベット	意味	ステータス
A	Added	追加
C	Conflict	コンフリクト
D	Deleted	削除済み
M	Modified	変更あり

アルファベット	意味	ステータス
R	Renamed	ファイル名変更済み
S	Submodule	サブモジュール
U	Untracked	Gitが未追跡（add前）

変更をステージに追加するには、ファイル名の横にある「＋」アイコンをクリックします。

図11-4　コミットメッセージを入力する

　ステージされた変更をコミットするには、「メッセージ」テキストボックスにコミットメッセージを記入し、「✓コミット」ボタンをクリックします。

●プッシュとプル

　コミットした変更をリモートリポジトリに反映させるためには、ソース管理ビューにある「プッシュ」ボタンをクリックします。これにより、ローカルでの変更内容がリモートリポジトリに送信されます。

図11-5　「プッシュ」ボタンをクリックする

リモートリポジトリの最新の状態を取得するには、「プル」操作を行います。画面下部に表示されているブランチ名の横に 1↓ 0↑のような数字が表示されている場合は、リモートリポジトリに新しい変更があることを示しています。この状態で更新ボタンをクリックすることで、リモートリポジトリの最新の変更内容をローカルリポジトリに取り込むことができます。

図11-6　mainブランチを切り替え

また、別のブランチに切り替えたい場合は、画面下部に表示されているブランチ名をクリックし、表示されるリストから目的のブランチ（例：main）を選択することでブランチの切り替えができます。

●ブランチの操作

現在のブランチ名は、VSCode の左下に表示されています。

新しいブランチを作成するには、現在のブランチ名をクリックし、画面上部の入力バーから「新しいブランチを作成」を選択します。

図11-7　「新しいブランチの作成」を選択

ブランチを切り替えるには、同じ方法で目的のブランチを選択します。

図11-8 目的のブランチを選択

VSCodeでGitをより便利に扱うための拡張機能

VSCodeにはGitをより扱いやすくするための拡張機能が存在します。ここでは2つの拡張機能をご紹介します。

図11-9　GitHub Pull RequestsとGitLens

● GitHub Pull Requests

GitHub Pull Requestsは、Webブラウザーを開かずに、VSCode内でプルリクエストの作成、管理を行えるVSCodeの拡張機能です。公式の拡張機能ですから、GitHubのサービス変更にも素早く対応してくれます。

この拡張機能を使用すると、以下のような機能が利用できます。

表11-2　GitHub Pull Requestsの主な機能

プルリクエスト管理	VSCode内で、プルリクエストの作成からレビュー、マージまでの一連の作業を直接行うことができます。プルリクエストの一覧表示と閲覧が可能で、エディタ内でコードの差分を確認し、インラインでコメントを追加することもできます。これにより、開発者はVSCodeから離れることなく、効率的にプルリクエストを管理できます。
コードレビュー機能	コードレビュー機能では、サイドバイサイド形式またはインライン形式でコードの差分を表示できます。特定のコード行に対してコメントを追加し、提案された編集を適用することができます。これにより、レビュー担当者はコードの変更点を詳細に確認し、開発者と議論しながら改善を進めることができます。
Issue管理	VSCode内でIssueの作成、閲覧、編集を行うことができます。Issueに関連するコードを直接エディタで開くこともできるため、Issueの内容とコードを関連付けながら作業を進めることができます。これにより、Issue管理と開発作業をスムーズに連携できます。

● GitLens

GitLensは、Gitの履歴や変更内容をより詳細に表示するための人気の高い拡張機能です。この拡張機能を使用すると、以下のような機能が利用できます。

表11-3 GitLensの主な機能

機能	概要
インラインGit情報	GitLensは、コードエディタ内に直接Git情報を表示する機能を提供します。カーソルがある行の右端には、その行を最後に編集した人の名前、日時、コミットメッセージが表示されます。また、ファイルやコードブロックの先頭には、そのコードに手を加えた人の情報が表示されます。さらに、ブレーム注釈にマウスを合わせると、コミットやissueに関連する詳細情報が表示されます。
コード履歴の可視化	GitLensは、リポジトリの履歴を視覚的に表示し、ブランチやマージの関係を簡単に把握できる機能を提供します。また、特定のファイルの変更履歴を時系列で確認したり、コードの特定の行がどのように変更されてきたかを追跡することができます。
比較と分析	GitLensは、異なるブランチ間の変更を簡単に比較したり、タグ間の差分を確認したりすることができます。また、一時的な変更を管理し、異なる作業コンテキスト間を切り替えることもできます。

このようなGitHubの拡張機能に関わらず、VSCodeの拡張機能には作業を効率化するものが数多く存在します。これらの拡張機能を活用することで、より生産的な開発環境を構築できるでしょう。

第12章

GitHubでできること

この章では、GitHubの便利な機能であるIssueの管理、Wikiの作成、GitHub Projectによるプロジェクト管理、そしてGitHub Actionsを使った自動化について解説します。これらの機能を活用することで、プロジェクトの進行管理や文書化、自動化を効率的に行うことができます。

12.1	Issueの管理	172
12.2	Wikiの作成	174
12.3	GitHub Project（プロジェクトの管理）	175
12.4	GitHub Actions（CI/CD機能）	182

第 12 章 | GitHubでできること

Issueの管理

　Issue（イシュー）は、リポジトリに保存される成果物に対する課題提案です。Issue 機能を使えば、担当者やラベル、マイルストーンを設定し、効率的にタスクを管理できます。

　まず、GitHub リポジトリを Web ブラウザーで開き、「Issues」タブをクリックします。

図12-1 「Issues」タブをクリック

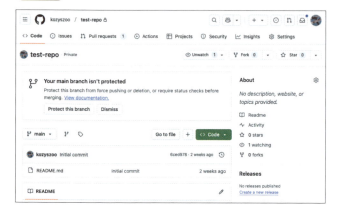

　画面右上の「New issue」ボタンをクリックします。

図12-2 「New issue」ボタンをクリック

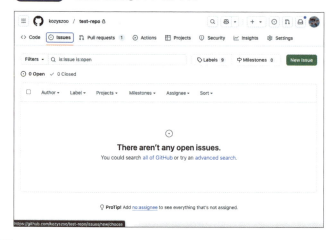

172

「Add a title」にタイトルを、「Add a description」に説明を入力します。入力文字列の装飾には Markdown 記法を使えます。

図12-3 タイトルと説明の入力

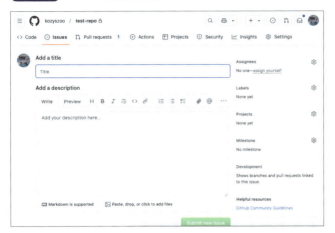

● Issue 機能の活用

Issue には、**担当者（Assignees）**を割り当てたり、**ラベル（Labels）**で種類や優先度を明示できます。また、特定の**マイルストーン（Milestone）**に関連付けることで、プロジェクトのゴールや期限を意識したタスク管理が可能です。

チーム間でのコミュニケーションも、Issue 内のコメント機能を使って活発に行われます。例えば、@メンションを使えば特定のメンバーに通知が届き、素早い反応を促せます。また、サブタスクとしてタスクリストを追加できるので、大きなタスクを小さな部分に分割して管理するのにも役立ちます。

Issue の進捗状況をカンバン方式で管理することもでき、視覚的にタスクの状態を把握することが可能です。さらに、特定のキーワードを使うことで、Pull Request と Issue を自動でリンクさせ、タスクの追跡を簡素化できます。

このように、GitHub の Issue 管理機能を活用すれば、プロジェクトの透明性が向上し、チーム全体のコラボレーションが円滑になります。各メンバーがどのタスクに取り組んでいるのかが明確化され、進捗を可視化しながら、効率的にタスク管理が行えます。

第 12 章 | GitHubでできること

Wikiの作成

　GitHub の Wiki 機能は、プロジェクトのドキュメントを Markdown 記法で作成・管理するための便利なツールです。これは、プロジェクトの概要や使用方法、開発ガイドなどを簡単に構築し、チームメンバーと共有するのに適しています。

図12-4　リポジトリページの「Wiki」タブに移動

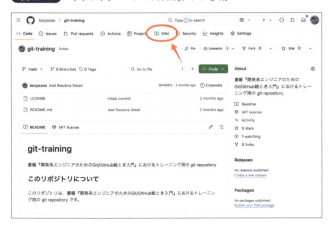

　Wiki ページを作成するには GitHub の有料プランである Pro プランであることが条件となります。有料プランであれば「Seetings」→「General」→「Features」から「Wikis」のチェックボックスの設定を ON にしてください。その後、リポジトリページの「Wiki」タブに移動し、「Create the first page」をクリックして最初のページを作成します。ページタイトルを入力し、Markdown 形式で内容を書き、保存します。これによりプロジェクトの基本的なドキュメントページが完成します。以降、新しいページは「New Page」ボタンから作成可能です。

　既存の Wiki ページは「Edit」ボタンで編集ができ、変更内容に対して履歴も自動で記録されるため、変更前のバージョンに簡単に戻すことができます。さらに、プロジェクトの成長に伴い、Wiki も随時更新・拡張することが可能です。また、サイドバー（`_Sidebar.md`）やフッター（`_Footer.md`）を設定することで、ナビゲーションリンクや共通情報を追加することもできます。チームでの共同編集が可能で、OSS（オープンソースソフトウェア）プロジェクトなど、外部からの貢献を受け入れる場としても活用できます。

第 12 章 | GitHubでできること

12.3 GitHub Project（プロジェクトの管理）

　GitHub Projects は、プロジェクトの進捗管理を行うための多機能なツールです。特にカンバンボード、タスクリスト、ロードマップなど、視覚的に進捗を把握できるさまざまなツールが提供されており、各メンバーへのタスク割り当てや進行状況の確認が容易です。

● GitHub Project の利用を始める

　まず、Web ブラウザーで GitHub リポジトリを開きます。
　「Projects」タブを開き「New project」ボタンをクリックします。

図12-5　「Projects」タブを開き「New project」ボタンをクリック

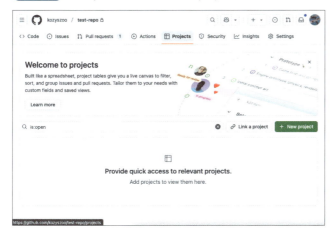

　使用するプロジェクトまたはテンプレートの種類を選択します。
　空のプロジェクトを作成するには、「Start from scratch」の下にある、「Table」「Board」「Roadmap」のいずれかをクリックします。テンプレートからプロジェクトを作成するには、使用するテンプレートをクリックします。

図12-6　使用するプロジェクトまたはテンプレートの種類を選択

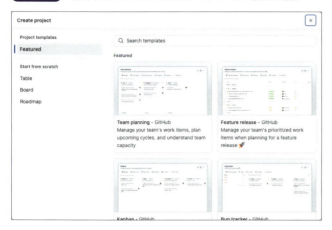

「Project name」にプロジェクト名を入力し、「Create project」ボタンをクリックすると、プロジェクトが作成されます。

図12-7　プロジェクト名の入力

GitHub Projectsの主な特徴は、次の通りです。

●多様なビューとレイアウト

GitHub Projectsには、カンバンボードやテーブルビュー、タイムラインのロードマップビューなど、複数のレイアウトが用意されています。

たとえば、カンバンボードでは、カラムを「To Do」「In Progress」「Done」といったステージに分け、進捗状況を一目で確認でき、タスク管理がしやすくなります。

図12-8 カンバンボードの様子

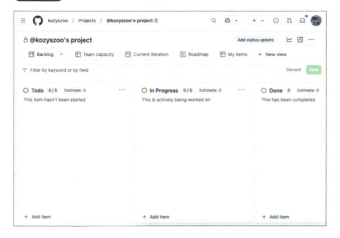

●自動化と統合

特定のアクション（例：タスクの追加や変更）に応じて自動でフィールドを設定したり、アイテムをアーカイブするなどの自動化が可能です。

GitHub Actions や GraphQL API と連携することで、より細かな制御が可能になります。

●カスタムフィールドとメタデータ

タスクに優先度、担当者、期限などの独自のメタデータを追加し、詳細情報を管理できます。タスク間の階層も構築できるため、大規模なプロジェクトでも進行状況を整理して把握することができます。

●エクスポート機能

プロジェクトデータを TSV 形式でエクスポートし、Google Sheets や Excel で利用可能です。これにより、データの分析や報告書作成も容易です。

GitHub Projects を使用することで、コード管理とプロジェクト管理を統合し、チーム全体での作業の透明性と効率性が向上します。エンジニア以外のメンバーも利用しやすく、共同作業をよりスムーズに行える環境を提供しています。

● GitHub Project の類似ツール

GitHub Project と似た機能を持つサービスには、次のようなものがあります。

▪ Trello

Trello は、カンバン方式を採用したタスク管理ツールで、視覚的にタスクを管理することができます。Trello は直感的な操作性が特徴で、個人からチームまで幅広く利用されています。また、Slack や Google Drive などの外部ツールとの連携も可能です。

図12-9　Trello Webサイト

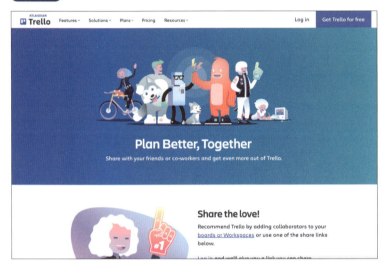

ユーザーはボード上にリストを作成し、その中にカードを追加してタスクを管理します。カードはドラッグ＆ドロップで移動でき、進捗状況を簡単に把握できます。

図12-10　実行中のTrello

▼Trello

https://trello.com/

Jira

　Jiraは、アトラシアン社が提供するプロジェクト管理ツールで、特にソフトウェア開発チームに人気があります。アジャイル開発をサポートする機能が充実しており、スクラムやカンバンボードを利用してプロジェクトを管理できます。タスクの追跡やバグ管理、レポート作成が可能で、BitbucketやGitHubなどの開発ツールとの連携も強力です。

図12-11　Jira Webサイト

▼Jira

https://www.atlassian.com/ja/software/jira

▪ Notion

　Notion は、オールインワンのワークスペースとして、メモ、タスク管理、ドキュメント作成、データベース機能を提供するツールです。ユーザーは自由にページを作成し、情報を整理することができます。Notion はカスタマイズ性が高く、個人のタスク管理からチームのプロジェクト管理まで幅広く対応できます。多機能でありながら、シンプルなインターフェースが特徴です。

図12-12　Notion Webサイト

▼Notion

https://www.notion.com/

▪ Backlog

　Backlog は、ヌーラボが提供するプロジェクト管理ツールで、タスク管理、バグトラッキング、Wiki、ガントチャートなどの機能を備えています。エンジニアやデザイナーを含む幅広いユーザーに対応しており、チームのコラボレーションを促進します。プロジェクトの進捗を可視化し、効率的な管理をサポートします。

図12-13　Backlog Webサイト

▼Backlog

https://backlog.com/ja/

■ Redmine

Redmineは、オープンソースのプロジェクト管理ツールで、タスク管理、Wiki、ファイル共有、ガントチャートなどの機能を提供します。プラグインによる拡張性が高く、カスタマイズが可能です。Redmineは、特にエンジニアリングプロジェクトでの利用が多く、無料で利用できる点が魅力です。

図12-14　Redmine Webサイト

▼Redmine

https://www.redmine.org/

第12章 | GitHubでできること

GitHub Actions（CI/CD機能）

　GitHub Actions は、GitHub リポジトリ内で CI/CD（継続的インテグレーション / 継続的デリバリー）を自動化するためのサービスです。コードのプッシュ、プルリクエストの作成など、特定のイベントをトリガーとして、ワークフローと呼ばれる自動化されたタスクを実行します。これにより、ビルド、テスト、デプロイといった開発プロセスを効率化し、迅速なリリースサイクルを実現できます。

●基本機能と特徴

- リポジトリでの様々なイベント（プッシュ、プルリクエストなど）をトリガーとして、ワークフローを自動的に実行します。
- ビルド、テスト、デプロイのパイプラインを自動化します。
- Linux、Windows、macOS 仮想マシン上でワークフローを実行可能です。

● Git 本体と何が違うの？

　Git はバージョン管理システムであり、コードの変更履歴を管理するツールです。一方、GitHub Actions は、Git で管理されたコードに対する様々な作業を自動化するツールです。Git はコードの変更を記録するのに対し、GitHub Actions はその変更に基づいて自動的にタスクを実行します。

　具体的には、次の点が異なります。

表12-1　GitとGitHub Actionsの違い

観点	差異
機能	Git はコードのバージョン管理に特化していますが、GitHub Actions はビルド、テスト、デプロイ、コードレビュー、デプロイ後の監視など、幅広いタスクの自動化をサポートします。
実行環境	Git はローカルマシンやサーバー上で動作しますが、GitHub Actions は GitHub のインフラストラクチャ上で実行されます。そのため、開発環境の構築や管理の手間を削減できます。

観点	差異
連携	GitHub Actions は GitHub の他の機能（プルリクエスト、イシューなど）や、Slack、Jira などの外部サービスとの連携が容易です。
Slack との連携要素など	GitHub Actions は Slack と連携し、ワークフローの実行結果を Slack チャンネルに通知できます。これにより、チームメンバーはワークフローの進捗状況をリアルタイムで把握できます。
GitHub Actions で自動レビュー他の機能など	GitHub Actions を使用して、コードレビューのプロセスを自動化できます。例えば、プルリクエストが作成されると自動的にコードの静的解析を実行し、問題があればレビュー担当者に通知することができます。その他、自動デプロイ、環境変数の管理、セキュリティスキャンなども可能です。

　GitHub Actions は、継続的インテグレーション（CI）や継続的デリバリー（CD）を自動化するための便利なツールです。ワークフローを YAML ファイルで定義し、ビルド、テスト、デプロイといった各工程を自動的に実行できます。様々なアクションが用意されており、これらを組み合わせることで、柔軟で効率的な開発パイプラインを構築可能です。

●自動レビュー機能

GitHub Actions を使用して、次のような自動レビュー機能を実装できます。

・ChatGPT などの AI を活用したコードレビュー
・プルリクエスト作成時の自動レビュワーアサイン
・レビューコメントの自動生成
・コードの品質チェックと提案

●外部連携機能（Slack 連携）

Slack などの外部のチャットツールとの連携は、次の3つの方法で可能です。

表12-2　外部チャットツールとの連携方法

方法	手順
Incoming Webhooks	① Slack App で Webhook URL を発行します。 ② GitHub Actions から Slack へ通知を送信します。
chat.postMessage API	① Slack Bot トークンを使用します。 ②特定のチャンネルに直接メッセージを投稿します。
ワークフロービルダー連携	① Slack の有料プランが必要です。 ②より柔軟な通知カスタマイズが可能です。

　これらの機能により、開発ワークフローの効率化と品質向上を実現できます。

●主な機能と活用方法

　GitHub Actions は、エンジニアが開発プロセスの多くを自動化し、より効率的な CI/CD パイプラインを実現するのに役立つツールです。

表12-3　GitHub Actionsの主な機能と活用方法

主な機能	活用方法
ビルド・テスト・デプロイの自動化	リポジトリへのプッシュやプルリクエストをトリガーに、ビルドとテストが自動実行され、問題があれば早期に発見できます。さらに、デプロイも自動化することで、リリース作業を効率化できます。
YAML ファイルによるワークフロー構築	ワークフローは YAML 形式で記述し、自由にイベントをトリガーに設定可能です。特定のイベント発生時にワークフローを開始し、シェルコマンドやスクリプトを実行できます。
通知とフィードバック	テスト結果やビルドの成否を Slack やメールに通知するなど、リアルタイムでフィードバックが得られるよう設定でき、作業の進行がスムーズになります。
リリース作業の自動化	バージョンリリース時に自動でタグを作成したり、リリースノートを生成する機能が備わっており、リリース作業を迅速化できます。
アクションのカスタマイズと共有	GitHub Marketplace から既存のアクションを取り入れたり、プロジェクト固有のカスタムアクションを作成してワークフローをさらに柔軟に構築できます。

●類似ツール

　GitHub Actions の主な代替となる CI/CD ツールとして、以下のものが挙げられます。

▪ CircleCI

　CircleCI は **SaaS 型のクラウドベース CI ツール**です。日本語のドキュメントやチュートリアル、企業向けサポートが充実しています。ジョブ実行の高速化、カスタマイズ可能なパイプライン、豊富なリソース機能を提供します。

図12-15　CircleCI Webサイト

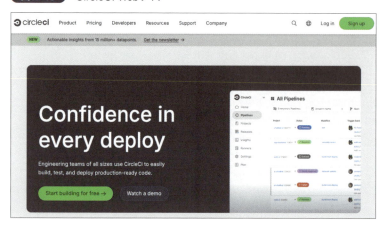

▼CircleCI

https://circleci.com/

■ Jenkins

Jenkinsは**オープンソースの汎用性の高いCI/CDツール**です。1,400以上のプラグインが利用可能です。Linux/Windows環境で動作し、柔軟な自動化が可能です。

図12-16　Jenkins Webサイト

▼Jenkins

https://www.jenkins.io/

■ Travis CI

Travis CI **シンプルな設定と使いやすさが特徴**のCIツールです。オープンソースプロジェクトでの実績が豊富です。GitHub連携が容易で、プルリクエストベースの自動ビルドが可能です。無料プランが用意されており、小規模プロジェクトでも利用しやすいです

図12-17 Travis CI Webサイト

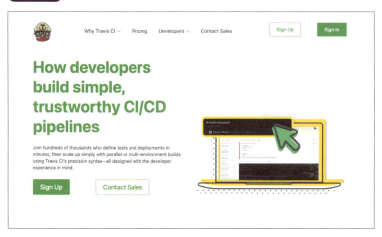

▼Travis CI

https://www.travis-ci.com/

▪ Azure DevOps

　Azure DevOps は**マイクロソフト社が提供する CI/CD ソリューション**です。導入のしやすさと高い機能満足度を誇ります。Microsoft 製品との連携が容易で、.NET 開発などに適しています。包括的なツール一式を提供し、プランニングからリリースまでを一元管理できます。

図12-18 Azure DevOps Webサイト

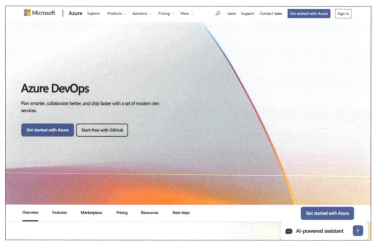

▼Azure DevOps

https://azure.microsoft.com/en-us/products/devops

■ AWS CodePipeline／AWS CodeBuild

AWS CodePipeline と AWS CodeBuild のセールスポイントは **AWS サービスとの緊密な統合**です。クラウドネイティブな開発に適しています。自動スケーリングやコンテナ化された実行環境を提供します。他の AWS サービスとのシームレスな連携が可能です。

図12-19　AWS CodePipeline Webサイト

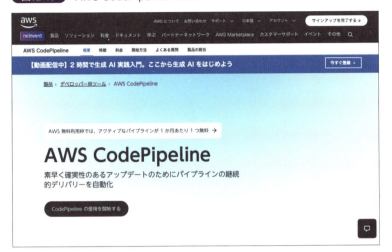

▼AWS CodePipeline

https://aws.amazon.com/jp/codepipeline/

図12-20　AWS CodeBuild Webサイト

▼AWS CodeBuild

https://aws.amazon.com/jp/codebuild/

これらのツールは、それぞれの特徴や強みを活かして、プロジェクトの要件や規模に応じて選択することができます。特に日本での利用を考慮する場合、CircleCI は日本語サポートが充実しており、導入がスムーズに行えるという利点があります。

第 13 章

GitHubの生成AI関連機能の解説

この章では、GitHubが提供するAIを活用したコーディングサポート機能であるGitHub Copilotについて解説します。GitHub CopilotはAIを活用したコード補完機能で、開発者のコーディング効率を大幅に向上させるツールです。なお、ここで紹介している情報は本書執筆時点の情報です。GitHub Copilotは頻繁にアップデートされていますので、最新情報をご確認ください。

13.1	GitHub Copilot	190
13.2	主な特徴と活用方法	191
13.3	GitHub Copilotの導入方法	194
13.4	Copilot Chatの使用方法	197

第 13 章 | GitHubの生成AI関連機能の解説

GitHub Copilot

　GitHub Copilot は、AI を活用したコード補完機能により、開発者のコーディング効率を大幅に向上させるツールです。コメントやコードの一部を入力すると、AI がコンテキストを理解し、次に書くべきコードを予測して提案してくれます。また、多くのプログラミング言語に対応しています。

図13-1　GitHub Copilot（https://github.com/features/copilot）

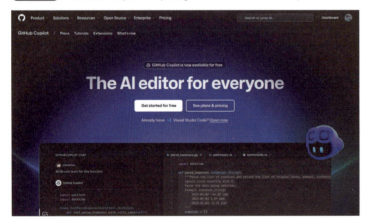

図13-2　「Get started for free」ボタンを押したところ

主な特徴と活用方法

　GitHub Copilotの最も重要な特徴は、AIによるコードの理解と提案機能です。AIがコードの文脈を深く理解し、開発者の意図に沿った適切な提案を行います。これにより、開発者は素早くコードを書き進めることができ、開発の生産性が大幅に向上します。

　また、GitHub Copilotは多言語対応も特徴の一つです。JavaScript、Python、Java、TypeScriptなど、現代の開発で使用される主要なプログラミング言語をサポートしています。それぞれの言語の特徴やベストプラクティスを考慮した提案を行うため、言語に応じた最適なコードを提案することができます。

　さらに、GitHub Copilotはリアルタイムの学習機能を備えています。開発者個人のコーディングスタイルや好みを学習し、より適切な提案を行うように進化していきます。これにより、開発者一人一人に合わせたパーソナライズされた支援が可能となり、より効率的な開発をサポートします。

　そして、プロジェクト全体のコンテキストを理解する能力も重要な特徴です。既存のコードベースの文脈を考慮し、一貫性のあるコードを提案します。これにより、プロジェクト全体の品質を維持しながら、調和の取れたコードを書くことができます。

表13-1　GitHub Copilotの主な特徴と活用方法

コードの理解と提案	AIがコードの文脈を理解し、開発者の意図に沿った提案を行います。これにより、開発者は素早くコードを書き進めることができ、生産性が向上します。
多言語対応	JavaScript、Python、Java、TypeScriptなど、多くのプログラミング言語に対応しています。それぞれの言語の特徴やベストプラクティスを考慮した提案を行います。
リアルタイムの学習	開発者のコーディングスタイルや好みを学習し、より適切な提案を行うように進化します。これにより、個々の開発者に合わせたパーソナライズされた支援が可能です。
コンテキストの理解	プロジェクト全体のコンテキストを考慮し、一貫性のあるコードを提案します。既存のコードベースに調和した提案を行うため、コードの品質維持に役立ちます。

● GitHub Copilot の導入方法

1. **GitHub Copilot の公式ページにアクセス**
   https://github.com/features/copilot にアクセスし、アカウントを作成するか、既存の GitHub アカウントでログインします。

2. **プランを選択**
   個人向けプランを選択し、「Get access to GitHub Copilot」をクリックします。

3. **個人情報と支払い情報を入力**
   必要な個人情報と支払い情報を入力します。

4. **セキュリティ設定を選択**
   アカウント設定画面で、「Suggestions matching public code」の設定を選択します。セキュリティ上の理由から「Block」を選択することをお勧めします。

5. **Visual Studio Code をインストール**
   GitHub Copilot は、Visual Studio Code（VSCode）に統合されているため、まず VSCode をインストールする必要があります。インストール済みであれば VSCode を開きます。

6. **GitHub Copilot 拡張機能をインストール**
   VSCode を起動し、左側のメニューから「Extensions」を選択します。検索バーに「GitHub Copilot」と入力し、GitHub 公式の拡張機能を見つけてインストールします。

7. **GitHub Copilot にサインアップ**
   拡張機能のインストール後、VSCode を再起動すると、GitHub Copilot のサインアップ画面が表示されます。画面の指示に従ってサインアップを完了させます。

8. **GitHub Copilot を有効化**
   サインアップ後、VSCode の設定から「GitHub Copilot」を検索し、「GitHub Copilot: Enable」をオンにします。これで、GitHub Copilot が有効になります。

9. **コーディングを開始**
   コーディングを始めると、GitHub Copilot がコードの補完や提案を行うようになります。提案された内容を受け入れるには、Tab キーを押すか、マウスでクリックします。

GitHub Copilotは、コーディングの効率を大幅に向上させる強力なツールです。ただし、提案されたコードは常に確認し、必要に応じて修正することが重要です。また、機密情報やセキュリティに関わるコードは、GitHub Copilotに入力しないよう注意が必要です。

● GitHub Copilot 公式ドキュメント

次のURLでGitHubの公式ドキュメントを閲覧できます。

▼GitHub Copilot のドキュメント

```
https://docs.github.com/ja/copilot
```

図13-3　GitHub Copilotの公式ドキュメントページ

GitHub Copilotの導入方法

GitHub Copilotを導入するには、まず以下の手順に従って設定を行います。

● GitHub アカウントの作成

GitHub Copilot を利用するには、GitHub アカウントが必要です。アカウントをお持ちでない場合は、GitHub 公式サイト（https://github.com）から新規登録を行ってください。

● サブスクリプションの選択と契約

GitHub Copilot には以下の 4 つのプランがあります。

表13-2　GitHub Copilotの4つのプラン

プラン名	価格	主な特徴	対象ユーザー
Free	無料	・VS Code のみ対応 ・月間 2,000 回のコード補完 ・50 回のチャット利用 ・Claude 3.5 Sonnet と GPT-4o 対応 ・基本的なセキュリティ機能	個人開発者、学生
Pro	月額 10 ドル （年額 100 ドル）	・複数 IDE 対応 ・無制限のコード補完とチャット ・CLI 統合 ・最新 AI モデル対応 ・プライベートリポジトリ優先処理 ・新機能早期アクセス	フル機能を求める 個人開発者
Business	月額 19 ドル / ユーザー	・Pro 機能すべて ・組織単位での導入 ・組織全体の利用ポリシー設定 ・監査ログと使用分析 ・セキュアなコード処理 ・知的財産保護機能	中小規模チーム
Enterprise	月額 39 ドル / ユーザー	・Business 機能すべて ・カスタム LLM 微調整機能 ・Azure Resource Graph 統合 ・マルチクラウド対応 ・専属テクニカルサポート	大規模開発組織

個人開発者向けの **Free プラン**は、エントリーモデルとして位置づけられています。VS Code のみで利用可能で、月間 2,000 回までのコード補完と 50 回のチャット利用が含まれます。利用できる AI モデルは Claude 3.5 Sonnet と GPT-4o に限定され、組織管理機能は提供されません。ただし、パブリックコードとのマッチング防止など、基本的なセキュリティ機能は実装されています。このプランは、個人プロジェクトの小規模開発や AI 補完機能の評価、学生の学習支援ツールとして最適です。

次に、フル機能を求める個人開発者向けの **Pro プラン**は、月額 10 ドル（年額 100 ドル）で提供されています。VS Code、Visual Studio、JetBrains 製品など、幅広い IDE に対応し、無制限のコード補完とチャット機能を利用できます。また、CLI 統合や Windows Terminal 対応など、高度な開発環境をサポートしています。AI モデルには Gemini 1.5 Pro や o1 シリーズなど最新技術を採用。プライベートリポジトリの優先処理やカスタムスニペット除外設定、新機能の早期アクセスなども特徴です。

中小規模チーム向けの **Business プラン**は、月額 19 ドル / ユーザーで、組織単位での導入が可能です。Pro 機能に加えて、組織全体の利用ポリシー設定、監査ログと使用分析、セキュアなコード処理保証、チーム管理コンソールなどの管理機能を提供します。特筆すべきは知的財産保護機能で、生成コードの法的リスクを軽減できます。なお、GitHub Team プラン以上の組織アカウントが必要で、Enterprise Cloud との連携が前提となります。

最後に、大規模開発体制向けの **Enterprise プラン**は、月額 39 ドル / ユーザーで提供されます。Business 機能に加えて、カスタム LLM 微調整機能（限定公開）、Azure Resource Graph 統合、マルチクラウド対応デプロイメント、専属テクニカルサポートなど、エンタープライズ向けの拡張機能が含まれています。

プランを選択したら、GitHub のダッシュボードからサブスクリプションの契約手続きを行います。

●開発環境への導入

GitHub Copilot は以下の主要な開発環境（IDE）に対応しています（2025/2 現在）。

・Visual Studio Code（推奨）
・JetBrains 製品群（IntelliJ IDEA、PyCharm など）
・Visual Studio
・Neovim/Vim
・Eclipse（ベータ版）

例えば、Visual Studio Code に導入する場合は、次の手順に従います。

1. VS Code を起動し、拡張機能マーケットプレイスを開く（ Ctrl ＋ Shift ＋ X ／ command ＋ shift ＋ X ）
2. 「GitHub Copilot」を検索
3. インストールボタンをクリック
4. VS Code を再起動
5. 画面右下に表示される認証ボタンから GitHub アカウントと連携

　これらの手順を完了すると、GitHub Copilot を使用できるようになります。初回使用時には、AI によるコード提案の精度向上のため、プロジェクトのコンテキストを学習する時間が必要となる場合があります。

　なお、企業での利用においては、組織の管理者が GitHub Enterprise Cloud（GHE）アカウントとの連携やシングルサインオン（SSO）の設定、使用ポリシーの定義などの追加設定を行う必要があります。

13.4 Copilot Chatの使用方法

Copilot Chat は、自然言語でコードの生成や編集を行うための対話型インターフェースです。現在編集を行っているプロジェクトやファイルに対する変更相談や、質問を行うことできます。

Visual Studio Code 内で、以下の手順で使用できます。

表13-3　GitHub Copilot Chatの使用方法

機能	ショートカット（macOS の場合）	機能詳細
チャットを開始	Ctrl + Alt + I (command + option + I)	チャットビューを開き、自然言語で質問をします。
クイックチャット	Ctrl + Shift + I (command + shift + I)	簡単な質問を行うためのクイックチャットを開きます。
コード編集セッション	Ctrl + Shift + Alt + I (command + option + shift + I)	複数ファイルにわたるコード編集セッションを開始します。

また、この Copilot Chat の入力欄において「Participants」機能、「ショートカット」機能を使用することで、より特定のコンテキストに対して質問や操作が可能になります。

● @ による Paricipants 機能

「Participants」機能を使用することで、より広範なコンテキストに対して質問や操作が可能になります。

表13-4　Participantsの対象範囲を規定するプロンプトキーワード（一部）

対象範囲	記法	対象範囲詳細
プロジェクト全体への質問	@workspace	プロジェクト全体に関する質問を行います。
VS Code の操作方法について質問	@vscode	VS Code の操作に関する質問を行います。
ターミナル操作について質問	@terminal	ターミナルでの操作に関する質問を行います。

Participants機能を使用することで、プロジェクトの様々な側面について質問できます。例えば、`@workspace` を使用してプロジェクト全体のアーキテクチャについて質問したり、`@vscode` で VS Code の特定の機能の使い方を尋ねたり、`@terminal` でシェルコマンドについて質問したり、`@git` で Git の操作方法について相談したりできます。

● / によるコマンド機能

/ を使用して様々なコマンド機能を利用することができます。これにより、特定の操作を迅速に行うことが可能になります。

表13-5　/によるコマンド機能

機能	コマンド	概略
コードの生成	`/generate`	指定したコメントや説明に基づいてコードを生成します。
コードの修正	`/fix`	指定したコードの問題点を修正します。
コードの最適化	`/optimize`	指定したコードを最適化します。
コードの説明	`/explain`	指定したコードの動作や目的を説明します。
テストの生成	`/test`	指定したコードに対するテストケースを生成します。

これらのコマンド活用することで、開発者はより効率的にコーディング作業を進めることができます。コードを読む時には `/explain` を用いて流れを理解し、新しいコードを生成する時には `/generate` を用いながら実装のサポートをしてもらうことができます。

本章で紹介した GitHub Copilot の機能を活用することで、開発者は作業中に直面する様々な課題や疑問点を効率的に解決できるようになります。

終わりに

●読者の皆さんへのメッセージ

　本書を手に取ってくださり、ありがとうございました。本書を手に取ってくださった方は、おそらく Git に対して苦手意識がある方が多いのかなと思います。

　筆者自身も、Git を使い始めた頃を思い返すと、何から手をつければよいのか全く分からない状態でした。

　2019 年に書いた Qiita の記事およびチートシート（https://qiita.com/kozzy/items/b42ba59a8bac190a16ab）は、そんな自分に向けて作成したものでした。概念を図にして整理することと、実際に経験をしてみて実践することの反復で、自身の理解も深まった経験から、本書を手に取ってくださった皆様にも、ぜひその反復をもって技量を高めていただければと思っています。

　Git は確かに最初は難しく感じるかもしれません。しかし、少しずつ触れていくことで徐々に理解が深まっていきます。最初は基本的な操作から始めて段階的にステップアップしていくことをお勧めします。本書の「はじめに」で紹介したチートシートは実践の際のカンペとしてぜひ活用してください。

　本書を執筆するにあたり、筆者は読者の皆様が Git の基礎からより便利な操作方法まで段階的に学べるよう心がけました。初学者の方々の視点に立ち、できるだけ分かりやすい解説を目指しています。

　また、本書の第 13 章で紹介した GitHub Copilot は、現在業務として社内での利用を推進をしており、より深くご紹介したかったのですが、1 冊に納めきれませんでした。本書をきっかけに GitHub Copilot のような AI を活用した開発にもぜひチャレンジし、慣れていっていただけたら嬉しいです。

　最後になりましたが本書の執筆にあたり多大なご支援をいただいた出版社の木津様、本書の執筆を応援してくださった職場の上長、そして本書を手に取ってくださった読者の皆様に心より感謝申し上げます。

山岡 滉治

●巻末付録　Git コマンド一覧

本書で紹介した Git コマンドの一覧です。

▼Gitコマンド一覧

コマンド	説明	例	節
git init	新しいリポジトリを作成する	git init myrepo	9.1 節
git clone	リポジトリを複製する	git clone <URL>	3.2 節
git add	ステージングエリアに追加する	git add . git add <ファイル名>	4.4 節
git commit	変更をコミットする	git commit -m "コメント"	4.7 節
git push	ローカルリポジトリの変更をリモートリポジトリにプッシュする	git push origin main	4.9 節
git pull	リモートリポジトリの変更をローカルリポジトリにプルする	git pull origin main	6.1 節
git status	リポジトリの状態を確認する	git status	4.6 節
git log	コミット履歴を表示する	git log	3.3 節
git branch	ブランチを管理する	git branch git branch <ブランチ名>	3.4 節
git checkout	ファイルの変更を元に戻す	git checkout <ファイル名>	4.5 節
git switch	ブランチを切り替える	git switch <ブランチ名>	4.3 節
git merge	ブランチをマージする	git merge <ブランチ名>	5.1 節
git diff	変更内容を確認する	git diff	4.7 節
git remote	リモートリポジトリを管理する	git remote -v	9.2 節
git reset	コミットを元に戻す	git reset --hard HEAD~1	8.1 節
git revert	コミットを取り消す	git revert <コミットハッシュ>	8.2 節
git rm	ファイルを削除する	git rm <ファイル名>	−
git tag	タグを作成する	git tag v1.0	10.5 節
git fetch	リモートリポジトリの変更を取得する	git fetch origin	10.1 節
git stash	作業中の変更を一時的に退避する	git stash	10.4 節
git stash pop	退避した変更を適用する	git stash pop	10.4 節
git rebase	ブランチの履歴を書き換える	git rebase <ブランチ名>	10.3 節
git cherry-pick	特定のコミットを適用する	git cherry-pick <コミットハッシュ>	10.2 節

索引

●記号
.git 126
.gitignore 153
.gitmodules 157

●A
AI 190
AWS CodeBuild 187
AWS CodePipeline 187
Azure DevOps 186

●B
Backlog 180
Branch 56

●C
CD 182
CI 182
CI/CD 182, 184
CircleCI 184
Clone 50
Commit 53
Conflict 110
Copilot Chat 197

●D
develop ブランチ 72
diff 18

●F
fetch 135
Fork 46

●G
Git 14
git add 74
Git Bash 33
git branch 56
git branch -d 95
git checkout 72, 77
git cherry-pick 138
git clone 49
git commit 85
git config 69
git diff 83

git fetch 134
Git Flow 戦略 58
Git for Windows 24
git init 124, 126
Git Lens 170
git log 53, 138
git merge 90, 92
git pull 96, 98
git push 87
git rebase 141
git remote 124, 128
git reset 118
git reset --hard 116, 120
git revert 116, 121
git stash 145
git status 80
git switch 71, 72
git tag 149
GitHub 15, 36, 62
GitHub Actions 182
GitHub Copilot 190
GitHub Flow 戦略 58
GitHub Project 175
GitHub Pull Requests 169
GUI ツール 163

●H
HEAD 119
Homebrew 29

●I
Index 75
Issue 172

●J
Jenkins 185
Jira 179

●L
LGTM 101
Local Branch 57

●M
macOS 29
Merge 92

201

● N
Notion 180

● P
Participants 機能 197
patch 18
Pull 98, 135
Pull Request 102
Push 87

● R
Redmine 181
Repository 20
Revert 122

● S
Staging Area 75
submodule 157

● T
TravisCI 185
Trello 178

● V
VSCode 163, 169

● W
Wiki 174
Working Tree 75

● あ行
イシュー 172
インタラクティブリベース 143
インデックス 75

● か行
拡張機能 169
カンバンボード 176
共有リポジトリ 87
クローン 44, 49, 50, 164
継続的インテグレーション 182
継続的デリバリー 182
軽量タグ 149, 150
公開鍵 62
公開鍵認証 62
コードレビュー 100
コミット 53, 69, 165

コミットログ 69
コンフリクト 90, 99, 108, 110, 112, 114
コンフリクトマーカー 111, 114

● さ行
サブモジュール 157
差分 18, 83
シーケンス図 22
初期設定 33
スカッシュマージ 94
ステージ 74
ステージング 165
ステージングエリア 74, 75, 80, 85

● た行
注釈付きタグ 149, 151
つぎはぎ 18
ディフ 18
テスト 182
デプロイ 182

● は行
バージョン 18
パイプライン 182
ハッシュ値 140
パッチ 18
秘密鍵 62
ビルド 182
フォーク 46
プッシュ 87, 166
ブランチ 56, 71, 95
ブランチ戦略 58
ブランチの操作 167
プル 98, 166
プルリクエスト 96, 100, 102
変更チェック 100

● ま行
マージ 90, 92, 95, 106

● ら行
リバート 122
リビジョン 18
リポジトリ 20, 62, 85
リモート追跡ブランチ 134
リモートブランチ 95, 107
リモートリポジトリ 88, 90, 96

履歴 18, 53
ローカル 87
ローカルブランチ 57, 95
ローカルリポジトリ. .88

●わ行
ワーキングツリー 135
ワークツリー. 74, 75, 81

●著者プロフィール

山岡 滉治（やまおか こうじ）

　国内大手通信系企業、ヤフー株式会社（当時）にて主にサーバーサイドのエンジニアとして8年間勤務。現在はLINEヤフー株式会社のデータ・AI企画推進チームにてAI/生成AIを活用した企画など、開発とビジネス部門を橋渡しをする役割として従事。加えて、Developer Relationsとしての社内における生成AI活用コミュニティの運営や、社内外の開発者向けイベントの企画・運営の活動も担う。

　技術面ではRuby、PHP、C++、Java、NodeJS、Go、Kotlinなどのバックエンド言語、JavaScriptフレームワークなどのフロントエンド技術において開発経験を持つ。スクラムマスターとしての経験もあり、小中学生向けのプログラミング講師としても活動。

●カバーデザイン・本文デザイン
　クオルデザイン 坂本 真一郎

●本文イラスト制作
　有限会社中央制作社

開発系エンジニアのための
Git/GitHub絵とき入門

発行日	2025年 4月11日　第1版第1刷
著　者	山岡　滉治

発行者　斉藤　和邦
発行所　株式会社　秀和システム
　　　　〒135-0016
　　　　東京都江東区東陽2-4-2　新宮ビル2F
　　　　Tel 03-6264-3105（販売）Fax 03-6264-3094
印刷所　株式会社シナノ　　　　　Printed in Japan

ISBN978-4-7980-7427-6 C3055

定価はカバーに表示してあります。
乱丁本・落丁本はお取りかえいたします。
本書に関するご質問については、ご質問の内容と住所、氏名、電話番号を明記のうえ、当社編集部宛FAXまたは書面にてお送りください。お電話によるご質問は受け付けておりませんのであらかじめご了承ください。